**여행자를 위한
도시 인문학**

강릉

여행자를 위한
도시 인문학

강릉

강릉

정호희 지음

가지
KINDS
BOOK

여행자를 위한
도시 인문학

강릉

제1부

강릉을 상징하는 것들

제2부

역사 속 현장을 거닐다

제3부

이야기가 있는 도시 산책

제4부

강릉의 민속과 풍속

제5부

강릉 사람, 강릉 정신

부록
'걸어서 강릉 인문여행' 추천 코스

서문

작은 도시 안에
차고 넘치는 이야기,
그것이 강릉입니다.

숲을 걷는다. 소복이 쌓인 솔가리와 참나무 잎이 가랑가랑 비에 젖었다. 크게 펼친 박쥐우산에 부딪힌 빗줄기의 작은 마찰음이 가려워진 마음을 살짝살짝 긁는다. 이만하면 됐다고. 여러 해 동안 습관처럼 매일 한 시간씩 걷고 있다. 걷기 위해 시간을 저축하고, 번 시간은 숙제하듯 걷는 일에 쏟아 부었다. 가끔 강박증이 일어서 파트리크 쥐스킨트의 좀머씨를 이해할 수도 있겠다 싶었다. 그렇게 매일 강릉을 걸었다.

걷기 전에는 보지 못했던 것들이 새로이 보이기 시작했다. 그도 그럴 것이 예전엔 늘 다니던 길로 다녔다. 그래서 늘 보이는 것만 봤다. 그러나 누군가에게 닿을 듯한 마음으로 길을 따라갔더니 새로운 것들을 만나게 되었다. 골목길에서는 옆사람

어깨에 기대 살아가는 이웃의 모습을, 들길에서는 농부의 수고로움이 빚어낸 결실을, 산길에서는 공간을 고루고루 나누며 왁자하게 살아가는 자연을 만났다. 걷는다는 것은 강릉의 사람과 자연을 알아가는 일이었다.

그러던 어느 날, 전화 한 통을 받았다. 강릉 사람들 삶에 면면히 녹아 있는 역사·문화적 이야기를 발굴해 여행자의 눈높이에 맞춘 인문교양서로 써보지 않겠냐는 제안이었다. 수화기 너머의 편집자는 무엇보다도 강릉에서 태어나 줄곧 살았던 것이 자격이 된다고 했다. 그렇게 이 책이 시작되었다.

결정하고 나니 마음이 급해졌다. 갑자기 강릉을 규정하는 상징들이 해사한 얼굴을 하고 여기저기서 각기 다른 빛깔로 아우성쳤다. 대관령, 소나무, 경포, 오죽헌, 강릉말, 바다 등등. 상징들을 하나하나 열어서 들여다보기 시작했다. 도시 안에 선사, 역사, 민속, 예술, 문학, 자연 등 다양한 분야의 이야기가 차고 넘쳤다. 일일이 다 열거하기 어려울 정도여서 그중에서도 강릉을 처음 찾는 사람들에게 종합적인 역사문화 안내자 역할을 할 이야기들을 골라냈다.

사실 강릉에 사는 사람들에게 이 책은 크게 새로울 게 없을지도 모른다. 이미 누군가에게 들어보았거나 다른 곳에서 파편적으로, 혹은 더 깊숙하게 접해보았을 내용일 수 있다. 그래도 이렇게 수십 꼭지의 글을 써서 한바닥에 펼쳐놓고 보니, 역시 강릉은 이야깃거리가 많은 도시임에 틀림없다는 생각이 든다.

강릉은 큰 도시가 아니지만 그 속에 담긴 역사는 오롯하고 깊다. 물리적으로는 도저히 가늠되지 않는 먼 옛날, 이곳을 삶의 터전으로 삼았던 사람들은 자신들이 어떻게 살았는지를 집자리나 무덤 속에 남겨놓았다. 그리고 자기를 찾아달라는 신호를 줄기차게 보냈다. 강릉 지도 곳곳에 매장문화재 유존지역이라는 이름으로 남은 옛사람들의 흔적은 오래전 강릉의 생활상을 보여준다.

찬란했던 과거와 함께 현재의 이야기도 다양하다. 우리나라에서 가장 오래된 차 유적지라는 전통은 오늘날 커피도시로 발돋움하는 밑거름이 되었고, 해안을 따라 길게 펼쳐진 해변은 여름휴가를 보내려는 사람들이 즐겨 찾는 명소가 되었다. 일년 내내 도시 전역에서 개최되는 문화행사들도 빼곡하다. 강릉은 역사와 민속 기행, 먹거리 탐방, 자연풍광 즐기기, 다양한 전시와 공연 감상 등 제 마음 가는 대로 시간을 보낼 것이 너무도 많은 곳이다. 한 도시에서 이렇듯 다양한 경험을 선택적으로 누릴 수 있다는 것은 축복에 가깝다.

책을 쓰는 동안 내 고향, 강릉과 교감할 수 있어서 참 행복했다. 박물관에서 문화재 다루는 일을 하면서 옛사람들의 말없는 이야기에 귀 기울일 기회가 많았다는 점이 이 책을 구성하고 써나가는 데 큰 힘이 되었다고 말하지 않을 수 없다. 그래서인지 이 책은 역사와 전통문화에 크게 치우친 측면이 없지 않다. 어릴 때 너무 규범에만 갇혀 살지 않았더라면, 예컨대 청소

년기에 몰래 성인영화를 보러 다녔거나 춤에 빠져 디스코장을 중뿔나게 드나들었던 추억이라도 있다면 그 시절의 강릉 이야기를 조금 더 풍성하게 풀어낼 수 있지 않았을까 하는 아쉬움이 있다. 하지만 어쩌겠는가. 저마다 시공간을 건너고, 기억하고, 기록하는 재주가 다른 것을.

　마지막으로, 내게 이 책의 집필을 의뢰해준 도서출판 가지의 박희선 편집장에게 감사의 말을 전한다. 예쁜 이름의 출판사처럼 색깔이 분명한 책을 만드는 편집장을 만난 것이 나의 글이 세상으로 나오는 계기가 되었다. 부디 이 책이 강릉 인문여행의 길라잡이 역할을 얼마큼은 감당해주길 기대한다.

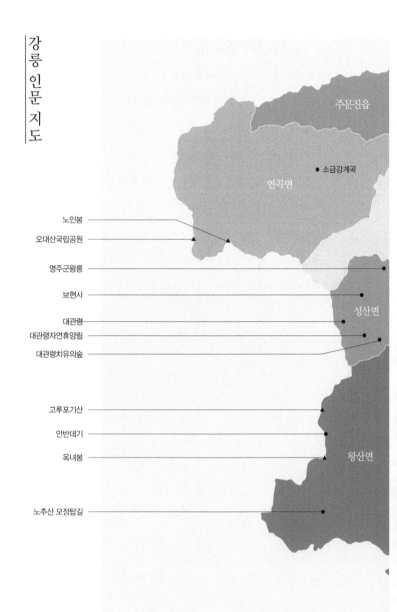

강릉 인문 지도

주문진읍

소금강계곡

연곡면

노인봉
오대산국립공원

명주군왕릉

보현사

대관령
대관령자연휴양림
대관령치유의숲

성산면

고루포기산

안반데기

옥녀봉

왕산면

노추산 모정탑길

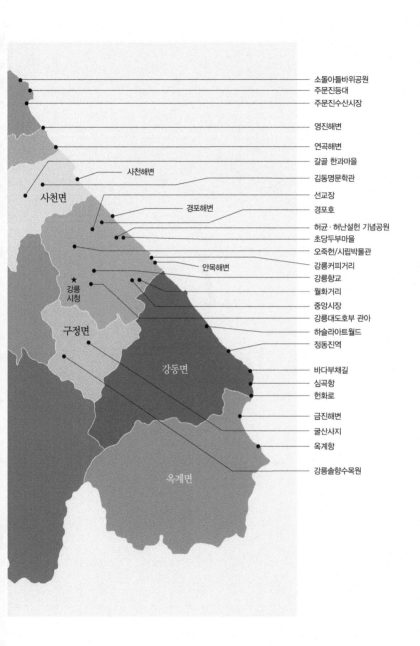

소돌아들바위공원
주문진등대
주문진수산시장

영진해변

연곡해변
갈골 한과마을
김동명문학관
선교장
경포호
허균·허난설헌 기념공원
초당두부마을
오죽헌/시립박물관
강릉커피거리
강릉향교
월화거리
중앙시장
강릉대도호부 관아
하슬라아트월드
정동진역

바다부채길
심곡항
헌화로

금진해변
굴산사지
옥계항

강릉솔향수목원

사천해변

사천면

경포해변

안목해변

★
강릉
시청

구정면

강동면

옥계면

강릉을
상징하는
것들

강릉 고유의 문화를 지켜낸 경계

대관령

문향, 예향, 제일 등 강릉을 수식하는 말은 많다. 추상적인 수식어가 아닌 보다 구체적이고 직설적인 수식어가 있다면 그것은 아마 '대관령 너머'가 될 것이다.

강릉 하면 연상되는 대표적인 지명 가운데 하나가 대관령이다. 외부에서 대관령 너머는 곧 강릉이라는 물리적 공간을 의미하겠지만, 강릉에서는 생활과 밀접한 관련을 맺어온 체험적 공간으로서 대관령 너머와 안쪽을 구별하는 의미이다.

대관령은 강릉시 성산면과 평창군 대관령면 사이에 있는 해발 832미터 높이의 고갯길이다. 평창군이 강릉권역에 포함되었던 예전엔 대관령 역시 강릉에 속했으나 행정구역 개편에 따라 지금은 평창군과 접해 있다.

강릉에서 대관령은 숱한 이야기가 전하는 지명 이상의 상징으로서 존재한다. 대관령과 대관령면은 별개의 개념으로, 혼동을 막기 위해 잠깐 언급할 필요가 있다.

대관령면의 이전 명칭은 도암면이다. 도암면은 원래 강릉군에 속했으나 1906년 정선군에 편입되었다가 1931년 다시 평창군으로 편입되었다. 십여 년 전 평창군은 도암면의 개명을 추진했다. 지명도 높은 대관령을 그대로 면 이름으로 가져다 쓰려 한 것이다. 이 사실이 알려지자 강릉 시민들은 일제히 반대하고 나섰다. 그럼에도 평창군은 2007년 도암면을 대관령면으로 전격 교체했다. 행정구역상 대관령이 도암면과의 경계 지역에 있었으므로 개칭에 큰 문제가 없다는 입장이었던 것 같다.

대관령을 강릉이 소유한 브랜드네임이라고 여겼던 강릉 사람들의 박탈감과 상실감은 대단했다. 그들은 대관령이라는 거대한 상징을 다른 기초단체와 공유할 수 없다고 생각했다. 그도 그럴 것이 대관령은 강릉의 진산이자 관문으로서 강릉단오제 때 치제되는 산신과 대관령국사서낭(大關嶺國師城隍)이 상주해 있고, 신사임당이 영을 넘을 때 친정집을 바라보며 지은 시가 전하는 곳이다. 이렇게 유서 깊은 대관령을 평창군이 지명으로 선점한다면 강릉의 소중한 역사적, 민속적 자산들이 무의미해질 수 있다고 여겼다.

십수 년이 지난 지금은 대관령면과 대관령을 따로 받아들이는 등 입장이 완화된 듯 보인다. 하지만 대관령이 강릉과 역사를 함께 했고 고개만 들면 언제나 마주할 수 있는 강릉의 상징이라는 입장에는 변함이 없다.

대령(大嶺), 대현(大峴), 굴령(堀嶺), 대령산(大嶺山) 등으로 불려온 대관령에 관한 최초의 기록은 《삼국유사》〈탑상〉에 실린 '명주 오대산 보질도 태자전기'의 기사에서 찾는다. 신라 정신대왕의 태자 보질도가 효명태자와 함께 강릉에서 자고 큰 고개를 넘어 오대산으로 들어갔는데 그 큰 고개를 대관령으로 보는 것이다. 이후 《고려사》에는 대현으로 기록되다가 조선시대에 와서야 대관령이라는 명칭이 등장한다.

지금은 4차선 고속도로로 직선화되어 있지만 근대화 이전에 대관령은 험한 고갯길이었다. 고개가 험해 데굴데굴 굴러야만 넘을 수 있다거나 곶감 한 접을 짊어지고 가던 선비가 한 구비 돌 때마다 한 개씩 빼먹었더니 정상에서 단 한 개만이 남더라는 이야기가 전할 만큼, 산이 중중하고 험했다. 특히 겨울에는 위험을 감수해야 할 정도로 통행이 쉽지 않았기에 대관령은 오랫동안 강원 영동과 영서를 가르는 물리적 경계로서 존재했다. 이 경계의 넘나듦이 수월하지 않았던 사실은 한 비석에 새겨진 글을 통해서도 알 수 있다.

대관령 반정에서 옛길을 따라 성산 쪽으로 조금 내려서면 '이병화 유혜불망비'라고 쓰인 비석이 있다. 비문에는 대관령을 오가는 사람들이 굶주림과 추위를 면하도록 사비를 털어 주막을 열었던 이병화의 공덕을 기리는 내용의 비문이 적혀 있다. 추운 겨울 험한 산길을 오가는 여행객에 대한 이병화의 연민과 배려가 잘 읽힌다.

강릉은 동으로는 동해와 맞닿고 서로는 백두대간과 접해 있다. 영동과 영서의 교류는 이 백두대간을 가로지르는 대관령을 통해야만 했다. 그래서인지 강릉 사람들은 세상을 두 가지로 인식했다. '강릉'과 '영 너머'가 그것이다. 여기서 영이란 대관령을 일컫는다. 강릉 사람들은 그들이 인식했던 것처럼 대관령이라는 준령을 넘어야만 중앙으로 통하는 외부 세상과 소통할 수 있었다.

조선시대에 대관령은 서울에서 전국으로 이어지는 주요 간선도로 중 하나였던 관동대로에 속했다. 서울 흥인문을 출발해 관동대로를 따라 중랑포, 평구역, 양근, 지평, 원주, 방림, 진부, 횡계를 지나 대관령을 넘어야 강릉에 닿을 수 있었다. 길이 높고 가팔라 쉬이 강릉에 이를 수 없었으며, 길의 형세도 양의 창자처럼 구불구불해 말이 가지 않을 정도였다.

사정이 이렇다 보니 중앙의 문화가 동쪽으로 대관령을 넘기 쉽지 않았고, 강릉의 문화 역시 대관령을 넘어가기가 어려웠다. 이 때문에 강릉은 좀 더 고유색이 짙은 특징적인 문화를 유지할 수 있었다. 지리적 경계였던 대관령이 곧 문화적 경계였던 셈이다.

대관령에 근대적인 도로가 개통된 때는 1917년이다. 그 전에는 강릉에서 서울까지 가려면 꼬박 열흘이 걸렸다. 이러한 사실은 1915년에 쓰인 〈서유록〉을 통해 알 수 있다. 이 글은 강릉 사는 여성이 대관령을 넘어 서울을 여행하고 나서 쓴 기행

문인데 강릉에서 서울로 가는 여정이 잘 드러나 있다.

근대 도로의 개통으로 강릉-서울 간 이동시간은 많이 단축되었다. 그러나 여전히 불편한 길이었던 대관령은 1975년 영동고속도로가 개통되면서 일대 전환을 맞는다. 비로소 동서의 교류가 활발해졌다. 그 후 2001년 지금의 직선화된 고속도로가 완공되면서 험준한 산길로서 대관령의 명성은 역사의 뒤안길로 밀려났다. 대관령에는 오늘도 끊임없이 자동차가 오간다.

이제 더 이상 지리·문화적 경계가 되지 못하는 대관령은 옛길을 등산객에게 내주었다. 제법 넓은 등산로에서 무수한 생

대관령을 넘어가는 길.

명들을 만날 수 있다. 산길을 비롯해 길을 약간 비껴난 숲에서
사랑스러운 생명들이 자란다. 이른 봄부터 가을까지, 아무도
봐주지 않아도 수줍게 꽃들이 피고 진다. 꽹이눈, 현호색, 얼레
지, 구슬붕이, 벌개덩굴, 광대수염, 은초롱꽃, 기린초, 여로, 초
롱꽃, 동자꽃, 며느리밥풀, 흰진범, 애기앉은부채 등등…. 먼 옛
날 이 길을 걸었던 뭇사람들도 마주했을 꽃들이다. 무심히 핀
들꽃들은 고개를 갸웃 내밀고 지나가는 사람들을 집주인 길손
보듯 한다.

마을 곳곳에 솔향이 넘실대는

소나무 고장

강릉은 어디를 가든 소나무가 많다. 군락을 이루거나 울울창창한 모습을 쉬이 볼 수 있다. 곧게 뻗은 듯싶은데 눈여겨보면 그런 것도 아니다. 한 방향으로 비스듬히 누워 있다. 바람 때문인지 햇살 때문인지는 알 수 없지만 자연을 거스르지 않는 유연한 대처인 것만은 확실하다. 언제나 푸르고 의연해 보이는 소나무도 자연의 질서 앞에서는 정중하게 예의를 차리는 것 같다.

우리나라 나무 중에 분포 범위가 가장 넓은 것이 소나무다. 그래서인지 한국 사람은 평생 소나무와 함께했다. 아기가 태어나면 금줄에 고추와 숯을 매달거나 생솔가지와 숯을 매달아 생명의 탄생을 알리고 부정을 막았다. 소나무로 만든 집에서 소나무로 만든 가구를 사용하고 소나무를 땔감으로 쓰면서 살다가 죽어서도 소나무와 함께했다. 송판으로 짜인 관에 들어가 도래솔을 두른 무덤에 묻혔다. 의식하든 그렇지 않든 한국인 모두는 소나무를 공유해왔다.

'누구의 나무'로 귀속되지 않을 것 같은 소나무를 강릉시가 브랜드화했다. 강릉시는 도시 슬로건을 '솔향 강릉'으로 정했다. 전 국민의 공유물인 소나무를 강릉시가 도시 슬로건으로 삼은 데는 그만한 이유가 있다.

고속도로 강릉 나들목으로 빠져나오면 곧바로 경강로로 연결되는데 이 도로의 중앙 분리목이 소나무다. 도로를 따라 훤칠하게 열을 지어 선 소나무는 이곳이 강릉임을 단박에 알게 한다. 한참 위쪽에 우듬지가 있어 수령이 꽤 됨직한 나무들이다. 이식하는 데 상당한 공력이 들어갔을 것으로 추정된다.

우리나라 어디를 가든 예사로 볼 수 있는 소나무지만 길가나 도로 중앙에 심어진 것을 보기란 그리 쉽지 않다. 소나무는 사철 푸르고 생김에 운치가 있지만 늦가을부터 뾰족한 솔가리를 쏟아내면 비질하기가 녹록지 않다. 또한 수형을 보기 좋게 조절하기도 어려워 가로수로는 적당하지 않다는 평가를 받아왔다. 그러나 강릉시는 과감히 도로에 소나무를 심었다. 강릉의 역사적 맥락과 지역적 특징뿐 아니라 도시 슬로건에도 부합하는 일이기 때문이다.

소나무와의 만남은 도처에서 이루어진다. 백두대간으로 둘러싸인 서쪽 경계부터 해안에 이르기까지, 강릉은 온통 소나무로 포위된 형국이다. 야산을 낀 집들은 위풍당당한 수호군 같은 소나무들에 에워싸여 있고, 해변 솔밭에서는 해풍으로 등

누인 소나무들이 훔친 갯내를 토해낸다. 여기저기서 소나무들의 점잖은 아우성을 들을 수 있다.

강릉에 오면 잠깐 소나무 숲을 걸어보라. 잔잔한 솔향이 느껴질 것이다. 손가락을 간질이며 그 사이로 빠져나가는 바람처럼 가벼운 솔향을 맡아보라. 소나무 향은 모이지 않고 흩어진다. 그렇기 때문에 눈을 감고 호흡을 가다듬은 후 몸을 이완시킨 상태로 마셔야 과하지 않고 미미하지도 않은 가볍고 기분좋은 향기를 경험할 수 있다.

강릉이 왜 소나무 고장인지는 역사와 문화에서 찾을 수 있다. 소나무와 관련한 역사·문화적 맥락은 고대로 거슬러 올라간다. 우리나라 최초의 화랑, 설왕랑의 비가 있었다는 강릉은 신라 화랑의 고적으로도 유명하다. 특히 경포대와 한송정은 화랑들이 명산대천을 순례하다 들러 차를 달여 마시며 심신을 수련했던 장소로 유명한데, 그중 한송정이 소나무와 관련이 깊다.

한송정(寒松亭)이라는 이름이 언제 생겼는지는 정확히 알려지지 않았다. 기록에 따르면 화랑을 따르던 낭도 3000명이 한송정 주변에 소나무를 심었다고 한다. 한송정의 다른 이름은 녹두정이다. 낭도들이 심은 나무로 숲이 창창해지자 한송정으로 바꿔 부른 것으로 추정된다. 이때 낭도들이 심었던 소나무가 우리나라 소나무 조림의 시원이라고 한다.

소나무는 덕이 많은 나무로, 우리 삶에 여러 가지로 유용하다. 몸통은 목재나 땔감으로, 잎은 송편을 찌거나 효소를 만들

때 사용되며, 송홧가루는 다식을 만들 때 쓴다. 또한 땡감을 홍시로 만들 때도 요긴하다. 솔가리와 땡감을 한 켜씩 층층이 쌓아두면 여러 날이 지난 뒤 솔향이 밴 홍시를 맛볼 수 있다. 솔가리는 홍시들이 서로 짓뭉개지지 않도록 완충 작용도 한다. 이런 실용적 쓰임 외에도 정원을 운치 있게 하고 은은한 향기까지 더하니 여느 나무와 비교해도 뒤지지 않을 만한 덕이다.

사철 푸른 소나무의 청청함을 높이 산 조선 선비들은 소나무를 각별히 여겼다. 그들은 소나무를 소재로 시문을 짓기도 하고 그림을 그리기도 했다.

강릉에는 이이(李珥)가 지은 〈호송설〉이 전한다. 김열(金說, 1506~?)●은 이이보다 나이가 많았으나 두 사람은 도의로써 벗이 되었다. 김열은 아버지가 집 주위에 심어놓은 소나무 수천 그루가 온전히 후손들에게 전해지길 바랐다. 그래서 이이에게 교훈이 될 만한 글을 부탁했고, 이이는 '선대가 심은 소나무를 보호하는 것은 곧 부모님을 섬기는 일'이라며 글을 지어주었다. 아버지가 보던 서책을 차마 읽지 못하는 것은 아버지의 손때가 묻어 있기 때문이고 어머니가 쓰던 그릇을 사용하지 못하는 것은 어머니의 입김이 남아 있기 때문인데 선대가 손수 심은 소나무를 후손이 감히 상하게 할 수는 없을 것이라는 내용이다. 이 〈호송설〉을 새긴 현액이 성산면 금산리에 남아 있는

조선 중기의 학자, 호는 임경당(臨鏡堂). 〈송어시(松魚詩)〉를 남겼다.

조선 중기의 별당 건물, 임경당에 걸려 있다. 임경당은 김열의 호에서 따온 당호이다.

송정동은 강릉 동쪽에 위치한 솔숲이 울창한 해안 마을이다. 고려 충숙왕의 부마 최문한(崔文漢, 강릉 최씨의 시조)이 부인 선덕공주와 함께 강릉에서 살았는데 그때 소나무 여덟 그루를 심었다고 한다. 그 나무들이 자라서 정자를 이루어 팔송정이라 불렸는데 그것이 후에 송정동으로 변했다.

송정 해안에서부터 북으로 경포, 사천, 연곡 해변을 따라 소나무 숲이 길게 펼쳐져 있다. 빼곡한 소나무 숲 사이로 쪽빛 바다가 들어와 앉아 풍광이 매우 아름답다. 일찍이 정철은 《관동별곡》에서 '우개지륜이 경포로 나려가니 십리빙환을 다리고 고텨 다려 장송 울흔 소개 슬카장 펴뎌시니 믈결도 자도잘샤 모래를 혜리로다(신선이 타는 수레를 타고 경포로 내려가니 십리나 되는 희고 고운 비단을 다리고 다시 다려 큰 소나무 울창한 속에 실컷 펼쳤으니 물결도 잔잔하기도 잔잔하여 모래를 셀 만하구나)'라고 노래한 바 있다.

일부 산간지방에서는 소나무를 신앙 대상물로 삼아 치제하는 민속이 전해지고 있다. 여성들의 기복신앙인 '산멕이'라고 부르는 이 풍속은 매년 단옷날 새벽에 치르는데, 일 년 동안 고기나 생선을 먹을 때 조금씩 떼어 걸어두었던 산줄과 제물을 준비해서 산으로 올라가 집안이 모시는 나무 밑에 차려놓고 치성을 드린다. 이때 모시는 나무가 소나무다.

여러 면에서 강릉은 소나무의 고장이다. 소나무의 분포 면적이 넓다거나 개체수가 특히 많다는 이유 때문만은 아니다. 소나무와 관련한 역사적, 민속적 사유가 오랫동안 강릉 문화의 기저에 깔려 있었던 것이 가장 큰 이유다. 현대의 강릉이 소나무의 고장이라 자신 있게 이름 붙일 수 있는 것도 그런 바탕 위에서 가능했다. 오늘도 강릉에는 소나무 사이로 바람이 불고 바람의 세기만큼씩 솔향이 몰려다닌다.

바람 드세고 폭설 내릴 때 하던 말

일구지난설

　　　　　　　　강릉은 바람이 많다. 일 년 내내 때를
가리지 않고 바람이 분다. 바람 강도가 특히 센 계절은 겨울과
봄이다. 어느 시인이 노래했듯 '오늘은 내가 내게 있는 모든 것
을 여희고만 있음을 바람도 나와 함께 안다는 말일까.'°라며
서정을 펼칠 수 있는 그런 바람이 아니다. 바람이 미쳤는지 내
가 미쳤는지 모를 정도로 굉음을 내며 분다. 그래서 차마 시로
노래할 수도 없다. 바람은 가로수를 부러뜨리고 지붕을 날려버
리는가 하면 신호등도 주저앉혀 버린다.

　　봄과 겨울에 부는 바람을 '양강지풍(襄江之風, 양양과 강릉에
서 부는 바람)'이라고 부를 정도로 강릉 바람의 위세는 대단하
다. 북서계절풍이 백두대간을 넘어오면서 어마어마한 풍속으
로 돌변한 탓이다. 봄만 되면 동해안에서 대형 산불이 심심치

않게 발생하는 것도 그 때문이다. 산지가 화강암으로 이루어져 토심이 얕은 데다 경사까지 심해 비를 저장하지 못하는 지형적 요인도 산불을 확산시키는 데 한몫한다. 겨울은 그나마 산에 눈이 쌓여 있어 바람이 불어도 산불로 번지는 일은 거의 없다. 그러나 봄이 되어 건조한 바람이 불기 시작하면 강릉시와 산림청은 바짝 긴장한다. 자칫 큰 산불로 번져 산림이 잿더미가 되고 사이사이에 터 잡은 농가들이 화재에 속수무책으로 당할 수 있기 때문이다.

기관에서만 긴장하는 것이 아니다. 머리가 벗겨진 사람들은 여간 고역이 아니다. 듬성듬성한 속머리를 감추기 위해 단단히 고정시킨 머리카락이 바람을 이기지 못하고 너풀거리기 일쑤다. 아이들의 등하교를 지켜보는 부모들도 긴장하긴 마찬가지다. 강풍에 날아온 광고판에 아이들이 다칠까 봐 노심초사한다. 반듯한 질서를 헤집어놓는 깡패 같은 바람을 반길 사람은 아무도 없다.

미친 바람이 불었다면 영락없이 부러진 소나무 가지들이 산길을 어지럽혔을 테고, 누구네 비닐하우스가 찢기거나 무너졌을 것이며, 바람에 날릴 수 있는 모든 것이 도로로 몰려다니며 무서운 비명을 질러댔을 것이다. 출근하기 위해 문밖을 나섰던 사람들은 상한 나뭇잎들이 패잔병처럼 무리 지어 아파트 현관문 앞에 몰려든 것을 보아야만 한다. 이런 아침 풍경은 지난밤 바람이 참으로 야단스러웠노라고 온몸으로 말해준다.

여러 지방에서 그랬던 것처럼 강릉에서도 풍재를 막아달라는 의미에서 '영등할머니' 또는 '영동신'이라 부르는 풍신을 모셨다. 풍신은 하늘에 있다가 영등 기간인 음력 2월 1일에 내려와 2월 15일에 올라갔다. 영등이 내려오는 날에 비가 오면 물영등, 바람이 불면 바람영등이라고 하는데 물영등 때는 며느리를, 바람영등일 때는 딸을 데리고 내려온다는 말이 있다. 며느리는 비에 젖어 밉게 보이게 하고, 딸은 바람에 치마가 나풀거려 예쁘게 보이게 했다는 것이다. 강릉에 바람이 센 것은 영등할머니가 딸을 데리고 지상으로 내려온 때문인지도 모르겠다.

강릉은 눈도 많이 내린다. 지형적인 요인이 가장 크다. 바다쪽에서 불어온 습한 공기가 급하게 백두대간을 만나 많은 양의 눈구름을 만들기 때문이다. 눈이 많이 내리기로는 전국에서 울릉도를 따라잡을 수 없지만 강릉의 적설량도 가히 압도적이다. 그래서인지 강릉 사람들은 웬만한 양의 눈은 크게 신경 쓰지도 않는다. '눈이 오는가 보다.' 하고 심드렁하게 반응할 뿐이다.

종종 다른 지역에서 5~10센티미터의 적설량에 도시 전체가 마비되다시피 해 아우성인 보도를 접하면, 강릉 사람들은 별일도 아닌 것으로 호들갑을 떤다고 여긴다. 그리고는 한편으로 우쭐해 한다. 전국 지방자치단체 중에서 제설작업이 가장 원활하게 이루어지는 곳이 강릉이라고 장담하기 때문이다. 스스로 제설의 달인이라며 엄지척(?) 한다.

눈 쌓인 길을 걸을 때 앞장서서 길을 내던 답설대(踏雪隊)가 있었다던 예전과 비교해보면 요즘 제설작업은 훨씬 쉬운 편이다. 답설대의 역할을 지금은 셔블로더(shovel loader), 일명 페이로더(pay loader)라는 차가 대신한다. 날이 꾸물꾸물하거나 눈이 내린다는 예보가 있는 날에는 강릉시청사 앞에 제설차들이 열을 지어 대기한다. 마치 전쟁터에 나가기 위해 전열을 가다듬는 듯하다.

눈이 많이 내려 가옥 측면에 '우데기(본채 바깥으로 기둥을 세워 만든 외벽)'라는 장치를 했던 울릉도와 달리 강릉은 따로 방설 장치를 하지 않는다. 눈이 오면 열심히 치우는 수밖에 도리가 없다. 시청 도로과에서는 시민들에게 불편을 주지 않기 위해 밤새 제설차를 운행한다. 트럭에 실려 간 눈은 남대천 변이나 넓은 공터에 부려져 먼지들과 뒤엉킨 채 시나브로 녹았다.

강릉에 눈이 가장 많이 내린 때는 1990년 2월 1일로, 당일 적설량이 138센티미터에 이르렀다. 2014년 2월에도 110센티미터가 쌓였는데 장장 9일에 걸쳐 눈이 내렸다. 이때는 제설의 달인이라는 자부심이 무색하게 인도에 쌓인 눈을 미처 치우지 못해 시민들이 한동안 차도로 통행해야 했다.

강릉 사람들은 눈이 내리면 치우고, 치우고, 또 치운다. 그래서 무척 고단하다. 내린 눈이 습설이라면 고단함은 가중된다. 습설이 쌓이면 기왓장이 흘러내려 기와집들의 피해가 크다. 비닐하우스도 눈의 무게를 이기지 못하기는 마찬가지다. 철제 빔이 휘거나 주저앉아 피해를 입는 농가가 속출한다.

사람들만 피해를 입는 것이 아니다. 나무들 역시 상처투성이가 된다. 겨울에도 잎을 떨구지 않는 침엽수가 최고 피해자다. 폭설이 온 뒤 더께로 쌓인 눈을 털어내지 못해 가지나 줄기가 부러진 소나무, 심지어 뿌리째 뽑혀 넘어진 소나무가 허다하다. 산짐승이 설해목에 깔려 목숨을 잃는 경우도 있다. 먹이를 찾으러 민가로 내려오다 탈진해 죽는 짐승은 더 많다.

이렇듯 험한 날씨에 주변이 어수선하기 이를 데 없거나, 눈이 많이 내려 생활이 을씨년스러울 때 무심코 내뱉는 말이 있다.

"아이구! 일구지난설일세, 일구지난설이야."

강릉의 눈은 다른 지역과는
비교할 수 없는 양으로 온다.

일구지난설(一口之難說)은 한 입으로 이루 다 설명할 수 없다는 뜻이다. 강릉 사람들이 종종 쓰던 이 말을 언제부턴가 듣기 힘들어졌다. 아무리 바람이 몰아치고 폭설이 내려 주변이 어수선해져도 이런 표현을 쓰는 사람은 많지 않다. 강릉 토박이 어른들은 아직 이 말을 사용할는지 몰라도 거의 사어가 되다시피 했다. 요즘은 아파트 등 공동주택에서 사는 사람이 많으니 자연으로부터 내 살림이 어수선해질 일이 별로 없다는 점도 한 요인일 수 있겠다.

사람살이가 항상 말 한마디로 설명되는 것은 아니다. 그러나 '일구지난설'만큼 뭉뚱그려 표현하기 좋은 말도 없을 듯하다. 예외가 있다면 전라도의 '거시기' 정도?

거울처럼 맑은 호수를 품은
경포

바닷물이 해안의 모래를 밀어 생긴 둑
모양의 사주가 바다를 차단하면서 생긴 호수를 석호라고 한다.
함경도와 강원도 해안에 많이 발달해 있으며 강릉 경포호가 대
표적이다.

그러나 강릉에서 경포는 단순히 호수만을 일컫는 말이 아
니다. 정철이 '십 리나 펼쳐진 흰 비단'이라고 노래한 경포해변
과 강릉 최고의 명승지로 알려진 누정 경포대 등을 모두 아우
른다. 누군가 경포에서 만나자고 한다면 그 장소를 분명히 지
정해야 한다. 그렇지 않으면 누군가는 호수로, 누군가는 해변
으로 갈지도 모르기 때문이다. 심지어 경포대에 오르는 사람도
있을지 모른다. 이렇게 폭넓은 의미를 가진 경포는 강릉을 상
징하는 코드 가운데 하나이자 아름다운 자연경관의 대명사로
인식되어왔다.

강릉의 아름다움은 산, 바다, 호수, 계곡 등을 두루 갖춘 자

연의 조화로움에 기인한다. 그 가운데 경포는 일찍부터 많은
사람의 사랑을 받아왔다. 경포를 둘러싼 역사 기록들이 그것을
잘 말해준다.

《신증동국여지승람》에는 '물이 거울처럼 맑다. 사방이 하
나같이 깊지도 얕지도 않으며 겨우 사람의 어깨가 잠길 만하
다.'라고 묘사되어 있다. 이 기록에서 알 수 있듯 경포는 이름
대로 거울같이 깨끗한 호수였다. 석호의 특징이 그렇듯 사람이
빠져도 위험하지 않을 만큼 수심도 깊지 않았다. 그래서 경포
가 가진 덕이 선비에 비교되어 '군자호'니 '어진개'니 하는 이
름까지 얻었다.

역사시대 내내 경포의 아름다운 풍광을 보려는 사람들의
발길이 이어졌다. 사람이 모여들면서 경포에 대한 서사가 하나
둘 만들어졌다.

경포호에는 우리나라 전역에 널리 전승되는 장자못 전설과
구성이 비슷한 유래담이 전해지고 있다. 시주하러 온 노승에게
인분을 퍼준 딸, 노승에게 사죄한 어머니, 집에 물이 가득 찰
것이니 뒤돌아보지 말라는 노승의 충고, 딸이 걱정되어 뒤돌아
본 후 돌이 된 어머니 등을 골자로 한 이야기다. 경포호에는 지
금도 호수 속에 기왓장과 큰길, 어머니가 변한 돌이 남아 있다
는 부언이 덧붙는다.

역사적 인물과 관련된 고사도 전한다. 고려시대 강원감사
로 부임한 박신과 강릉부 기생 홍장에 관한 일화다. 박신은 홍

장을 어여삐 여기며 깊이 사모했는데 강릉부사 조운흘이 그를 골려주기 위해 계책을 꾸몄다. 홍장이 죽었다고 속이고 선녀 분장을 시켜 경포 뱃놀이에 등장시킨 것이다. 이를 눈치채지 못한 박신이 홍장을 선녀로 착각했으나 사실을 알고는 한바탕 즐기며 놀았다는 내용이다. 호숫가에는 이 고사가 사실이라고 주장이라도 하듯, 홍장암이라 새겨진 바위가 당당히 남아 있다.

박신과 홍장의 고사에서 보듯 경포는 풍류를 즐기기에 좋은 곳이었다. 선비들이 지향했던 탈속의 심처와는 결이 좀 다르지만 속되지 않은 즐거움을 누릴 수 있었다. 경포 주위가 온통 누정으로 둘러싸이다시피 한 것이 그러한 사실을 잘 말해준다.

풍광이 뛰어난 곳에 팔경이 있듯 경포에도 여덟 개의 경치가 전해온다. 녹두일출(녹두정에서 바라보는 일출), 죽도명월(죽도에서 보는 달빛), 강문어화(강문바다의 고기잡이 불빛), 초당취연(초당마을의 밥 짓는 저녁 모습), 홍장야우(홍장암에 비 내리는 밤풍경), 증봉낙조(시루봉에서 보는 석양), 환선취적(환선정에서 부는 피리소리), 한송모종(한송사의 저녁 종소리)을 경포팔경이라 일컫는다. 녹두정(한송정), 죽도, 강문, 초당, 시루봉, 한송사 등 경포 주변에 있는 정자, 마을, 산, 절 등과 같은 구체적인 경관과 그에 관련된 역사적 사실까지 포함한 내용이다.

뜬금없어 보이지만 경포 하면 연상되는 것 중 하나가 부새우다. 부새우는 민물에 사는 작은 새우를 말한다. 크기가 얼마나 작은지, 손가락으로 휘저으면 쪼르르 달라붙을 정도다. 부새우는 단오가 시작되기 전부터 강릉의 대표적인 재래시장인 중앙시장 주변 노점에서 팔았다. 물고기의 먹잇감도 되지 못할 것같이 작은 부새우들은 주발로 계량했다. 국간장, 고춧가루, 매운 고추를 썰어 넣고 한소끔 끓인 부새우탕은 한시적으로 맛볼 수 있는 별미였다. 경포 호수의 생태환경이 예전과 많이 달라진 탓에 부새우는 점차 추억 속으로 박제되다시피 했다.

둘레가 지금의 세 배여서 대관령 정상에서도 금방 알아볼 수 있을 정도로 넓었던 호수, 거울을 들여다보는 것처럼 맑았던 물, 호수를 빙 둘러싸고 있던 누정, 그 외에도 아름다운 여덟 경치가 곳곳에 펼쳐져 있던 곳이 경포였다. 그리고 그런 경포를 정원으로 삼은 누정이 경포대다. 경포대는 인공적인 시설이 아닌 외부 자연환경을 고스란히 누정의 배경으로 들여다놓은 정자다. 우리 선조들이 지형지물을 어떤 식으로 관조의 대상으로 삼았는지를 여실히 보여주는 대목이다.

유구할 것 같던 경포도 달라졌다. 접근성이 좋아진 만큼 주변 환경이 빠른 속도로 변했다. 호수의 전체 둘레가 줄어들면서 그곳에 깃들어 살던 생물들의 서식환경과 식생도 달라졌다. 따라서 옛사람들이 즐기고 완상하던 방법으로는 더 이상 경포를 볼 수 없다. 오늘은 오늘의 처지에 맞게 새로운 방법으로 경포를 즐겨야 한다. 달라지지 않은 것이 있다면 저 멀리 호수 안

에서, 찾아오는 친구라고는 새들밖에 없어 무료해진 새바위(鳥
巖)가 오늘도 긴 하루를 잔잔한 수면만 내다보고 있다는 것, 그
정도다.

경포호에 눈이 내린 모습.

까만 대나무가 자라는 집

오죽헌

오죽헌을 말할 때는 역사적인 의미와 함께 건축의 의미가 강조된다. 신사임당과 율곡 이이가 태어난 곳이라는 역사적 사실 못지않게 우리나라에서 가장 오래된 민가 건물 가운데 하나라는 건축사적 가치도 크기 때문이다. 오죽헌이 국가지정 문화재가 된 것도 조선 초기 건축의 특징을 잘 보여준다는 평가를 받았기 때문이다. 그럼에도 사람들은 오죽헌에 깃든 역사적 의미를 더 크게 받아들인다.

우리나라 역사인물 가운데 인지도가 높은 두 사람, 사임당과 율곡이 같은 공간에서 태어났다는 사실은 꽤나 특별하다. 그래서 많은 사람이 그들의 삶과 예술, 학문의 흔적을 직접 보기 위해 오죽헌을 방문한다.

조선 초기에 지어진 오죽헌 내 건물들은 1505년 병조참판을 지낸 최응현에서 그의 둘째 사위 이사온, 외손녀인 용인 이씨(사임당의 어머니)에게로 이어지다가 용인 이씨의 외손 권처군에게로 상속되면서 안동 권씨들이 지켜왔다. 1975년 오죽헌 정화사업으로 오죽헌(별당)과 사랑채를 제외하고 모두 철거되거나 신축되었다가 1996년 정부의 문화재 복원 계획에 따라 지금의 모습을 갖추게 되었다.

오죽헌은 넓은 의미에서는 안채와 사랑채, 별당, 어제각, 문성사, 율곡기념관을 모두 포함하지만 좁은 의미에서는 별당 건물만을 일컫는다. 이 별당 건물에서 율곡이 태어나 유명세를 타게 되었다.

오죽헌을 찾는 방문객 수는 연간 80만~90만 명에 이르고 그 수치는 점점 증가하는 추세다. 오죽헌을 향한 발길이 본격화된 것은 율곡 사후부터다. 집주인으로 알려진 최응현이 강릉

사임당이 율곡을 낳은
역사적 공간, 오죽헌.

에서 차지했던 위상을 생각해보면 당대에도 이미 지역 유학자들의 방문은 있었을 것이다. 최응현은 강릉 출신으로 공조와 병조참판을 역임한 유학자였다. 그러나 생면부지 타인들의 방문은 기호학파의 유종(儒宗)이었던 율곡의 흔적을 좇으려는 후학들에 의해 시작되었다. 오죽헌에 보관되었던 《심헌록》에는 조선 후기 학자인 권상하(1641~1721)를 시작으로 기호학파의 학맥을 이은 선비들이 오죽헌을 찾아왔던 흔적이 그대로 남아 있다.

앞서 얘기했듯 오죽헌은 사임당의 어머니인 용인 이씨의 집이었다. 이사온과 강릉 최씨 사이의 무남독녀였던 용인 이씨는 딸만 내리 다섯을 두었다. 어쩔 수 없이 외손봉사(外孫奉祀)*를 받을 수밖에 없었는데 봉사손으로 율곡을 선택했다. 한편 배묘손**으로는 권처균을 지정해 북평촌 기와집(오죽헌)을 주었다. 권처균은 처가 옆에 살면서 처가 살림을 돌보았던 넷째 사위 권화의 아들이다. 강릉에 살고 있는 넷째 사위가 조산(대전동 즈무)에 있는 선영을 관리하기에 적격하다고 판단했던 것으로 보인다. 권처균은 외할머니로부터 물려받은 집 주위에 까만 대나무가 많은 것을 보고 자신의 호를 오죽헌이라고 했는데 그것이 훗날 집 이름이 되었다.

---

* 딸의 자손이 제사를 맡아 모시는 일.
** 조상의 산소를 돌보는 자손.

　　대나무는 특별한 수종이 아니다. 기온이 따뜻한 곳에서 잘 자라기 때문에 중부 이남에서는 쉽게 볼 수 있다. 대나무 생육이 가능한 한계선이 동으로는 강릉, 서로는 서산까지로 알려져 있었으나 지금은 기후변화로 한계선이 좀 더 북쪽으로 이동한 듯싶다.

　　오죽헌의 대나무가 다른 대나무와 다른 점은 이름 그대로 수피가 까마귀처럼 까맣다는 것이다. 여느 대나무 줄기가 초록빛을 띠는 것과는 사뭇 다르다. 언제부터 오죽헌에 까만 대나무가 자라기 시작했는지는 알 수 없다. 집주인이던 이사온의 시에 오죽이 언급되는 것으로 보아 조선 초기에 이미 자생했던 듯싶다. 그런데 오죽이 늘 푸르렀던 건 아닌 모양이다. 강릉의 향토지《증수임영지》에 의하면 오죽이 말라 죽어 10년 동안 대나무가 없다가 1782년 오죽헌의 썩은 재목을 새로 바꾸고 옛 모습으로 고치자 그해 여름부터 대밭에서 죽순이 돋아나기 시작해 대숲을 이루었다고 한다.

　　대나무는 60년 만에 꽃을 피운다는 설과 120년 만에 꽃을 피운다는 설이 있다. 사람이 한평생 대나무꽃을 보지 못할 수도 있을 만큼 긴 시간이다. 꽃이 피면 나무가 일제히 죽었다가 다시 난다고 하는데 오죽헌의 역사를 고려해보면 오죽헌에 자생하던 오죽은 꽤 여러 번 꽃을 피우고 죽기를 반복했을 성싶다.

　　오월이 되면 오죽헌은 말 그대로 우후죽순이 된다. 늦봄에 땅을 비집고 머리를 내민 죽순은 금세 곁가지를 치며 자란다.

그 속도가 얼마나 빠른지 죽순의 모습은 온데간데없고 금방 성목처럼 보인다. 그러나 제아무리 다 자란 척해도 줄기 빛깔은 어쩌지 못한다. 해를 넘겨야 검어지기 때문이다.

오죽은 화폐 그림에도 등장한다. 이이는 1972년부터 오천원권 화폐인물로 채택되어 줄곧 그 자리를 고수 중이다. 화폐 디자인은 몇 차례 바뀌었는데, 2006년에 발행해 지금도 쓰고

줄기가 검은 대나무, 오죽.

있는 오천원권 화폐 앞면에는 이이의 초상과 함께 오죽헌, 오
죽이 등장한다.

화폐는 가짓수가 제한되어 있기 때문에 온 국민의 존경과
신뢰를 받는 소수 인물만이 화폐 얼굴로 선정될 수 있다. 2009
년 고액권 화폐 발행을 앞두고 오만권의 인물로 누가 선정될
것인가에 관심이 집중되었다. 신사임당이 전격적으로 선정되
면서 강릉은 또 하나의 역사를 쓰게 되었다. 우리나라 화폐인
물은 통틀어 다섯 명인데 그중 두 명이 강릉 오죽헌에서 태어
났다. 더구나 두 사람은 모자관계다. 이는 전 세계적으로 유례
가 없는 일이다. 이로써 강릉은 '세계 최초 모자 화폐인물의 도
시'라는 제법 긴 이름까지 얻게 되었다.

세계 유일의 모자 화폐인물이 오래전 까만 대나무가 있는
집, 오죽헌에서 태어나고 자랐다. 대나무는 그 상징성 때문에
널리 사랑받았다. 우리나라의 가장 이름난 선비 이이, 그리고
또 한 명의 여성 선비 신사임당, 그들의 탄생지 오죽헌에 대나
무가 자생하고 있다는 사실은 매우 의미 있다. 선비의 꼿꼿하
고 청신한 기개를 닮은 대나무의 물성이 여러모로 오죽헌과 잘
어울린다.

해 맞으러 가는 한반도 정동쪽

정동진

정동진은 강동면에 위치한 마을이다. 조선시대 임금이 거처하는 한양에서 정동쪽에 있는 해안 마을이라는 의미에서 그 이름이 붙었다고 한다.

수십 년 전 이곳에는 무연탄 광산인 강릉탄광이 있었다. 한때 강릉 탄전 가운데 가장 많은 석탄을 생산했던 곳이다. 정동진 북쪽에는 무연탄을 저장하는 저탄장이 있어 마을이 늘 검은 석탄 분진으로 뒤덮여 있었다. 채굴된 석탄은 1962년 11월 6일에 개통한 기차역을 통해 운반되었다.

1980년대 중반 이후 석탄 수요가 급격히 감소한 데다 매장량도 고갈되자 1989년 정부가 석탄산업 합리화 정책을 실시하면서 정동진은 탄광촌으로의 명맥을 거의 상실했다. 한때 호황을 누렸던 마을은 사람들을 도시로 떠나보내고, 시커멓고 나른한 얼굴로 한적한 간이역만 바라보는 신세로 전락했다.

그러던 1994년, 정동진역에 일대 사건이 발생했다. 당시 직장인들의 퇴근 시간을 앞당겼다는 인기 드라마 〈모래시계〉에 정동진역이 배경으로 등장한 것이다. 극중 여주인공 혜린이 그녀를 추적하는 경찰을 피해 정동진역으로 숨어들었다. 그때 배경으로 등장한 역사 앞 소나무가 '고현정 소나무'라 불리며 관광객을 불러 모으기 시작했다. 정말 그랬다.

역사 이래로 한 그루의 소나무가 특정 마을을 이토록 변화시키고 숱한 사람들의 방문을 유도하는 데 기여한 적이 또 있었을까? 정이품 소나무는 임금이 내리는 벼슬이라도 받았지만 작은 간이역 앞에서 해풍에 겨워 마른 몸을 비스듬히 누인 소나무 한 그루가 해낸 일로는 유례가 없는 것이었다. 사람들이 꼬리를 물며 정동진을 찾아왔다. 소나무 한 그루가 일당백의 일을 해냈다. 이렇게 시작된 발길이 모여 오늘날 정동진의 풍경을 만들었다.

정동진역은 세계에서 바다와 가장 가까운 역으로 알려져 있다. 기차에서 내리면 정갈한 백사장과 싱그러운 쪽빛 바다가 짠내를 풍기며 훅 안겨 온다. 도저히 거부할 수 없는 동해의 선물이다.

역 앞에는 고성산이 있다. 옛날 큰 포락에 강원도 고성에서 떠내려왔다고 전한다. 고성 사람들이 자기네 소유라며 매년 땅세를 받아갔는데 어느 해 가뭄이 들어 땅세를 낼 수 없게 된 주민들이 산을 도로 가져가라며 버텼고 그 후로는 땅세를 물지 않게 되었다고 한다. 산꼭대기에는 영인정이라는 정자와 함께 정동 표지판이 있다.

　정동진역 남쪽으로 흐르던 정동진천이 동해에 맞닿는 모래 톱 부근에는 커다란 모래시계가 있다. 지름 8.06미터, 폭 3.2미 터, 무게 40톤, 모래 무게만 8톤에 이르는 세계 최대 크기의 모 래시계다. 시계 안에 갇힌 모래는 일 년 내내 밑으로 떨어져 시 계의 회전을 돕다가 새해가 시작되는 자정에 딱 반 바퀴를 돌 아 위아래 위치를 바꾼다. 1999년 강릉시와 삼성전자가 새로운 천년을 기념하기 위해 세운 이 시계는 현재 정동진의 랜드마크 가 되었다.

　모래시계 뒤쪽에는 거대한 해시계가 위용을 뽐낸다. 마치 아폴론이 근육을 불끈거리며 당길 것만 같은 활시위 모양이다.

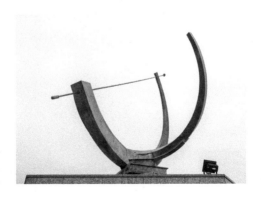

해맞이 명소,
정동진에 있는 해시계.

해시계의 화살표는 지구의 회전축과 일치하고 그 끝은 북극성을 가리킨다고 한다. 태양의 그림자를 이용하는 해시계는 날씨가 맑은 낮에만 시간을 측정할 수 있지만 시간을 읽는 방법까지 꼼꼼하게 안내되어 여행객에게 재미를 준다.

모래시계로 유명해진 정동진에는 시간박물관도 있다. 시계의 역사와 원리를 살펴볼 수 있고, 시계의 원리를 이용한 현대 미술품도 관람할 수 있어 재미가 배가된다.

석탄 분진으로 온 마을이 거무튀튀한 옷을 입은 것 같았던 탄광촌 정동진이 사람들의 사랑을 받기 시작한 것은 시계 때문이었다. 그 사랑은 아직도 유효하다. 드라마 〈모래시계〉와 정동진역, 세계 최대 모래시계와 시간박물관, 이들이 지금의 정동진을 설명해주는 키워드이기 때문이다.

정동진을 방문하는 사람들의 발길은 연중 계속되지만 특히 1월 1일 해맞이를 위한 발걸음이 가장 많다. 동해안의 어떤 해변과 산 정상이 해맞이 장소로 부적합하랴마는 우리나라 '정동쪽'에서 새해 처음 떠오르는 해를 맞이한다는 상징성 때문에 굳이 정동진으로 발길을 돌리는 것이다.

갯내 푸른 바다 마을
주문진항

주문진은 강릉시 최북단에 위치한 소읍이다. 고구려 때 지산현이라 불렸고 신라 때 명주에 속했으며 고려시대에는 연곡면에 속했다. 조선시대에 와서는 신리면으로 불리다가 1937년 주문진면으로 바뀌었다. 3년 후에는 읍으로 승격해 명주군의 수부도시가 되었다. 그 후 1995년 강릉시와 명주군이 통합해 지금에 이르렀다.

주문진 인구는 2만 명이 채 안 된다. 뒤에 '진'자가 붙은 이름에서 알 수 있듯이 읍내는 갯내가 날 정도로 바다와 가깝다. 그래서인지 강릉에 있는 읍면동 중에서도 제 빛깔이 매우 뚜렷한, 매력적인 곳이다.

강릉은 바다와 연접한 도시여서 항구가 많다. 주문진항에서 해안선 아래로 영진항, 사천항, 강릉항, 심곡항, 금진항, 옥계항 등이 이어진다. 그중 주문진항은 동해안을 대표하는 항구이자 강릉에서 가장 큰 항구다.

　주문진항은 1917년 부산-원산 간을 운행하는 기선의 중간 기항지가 되면서 여객선과 화물선이 입항하기 시작했다. 지금은 여객과 화물을 실어 나르지는 않지만 250척에 가까운 어선이 여전히 입출항하고 있다.

　항구에는 두 개의 방파제가 있는데 그중 동방파제의 길이가 1000미터에 가깝다. 방파제 옆으로 설치된 테트라포트 여기저기서 물고기의 입질을 기다리는 낚시꾼들이 망중한을 즐기는 모습을 쉬이 볼 수 있다. 동방파제 끄트머리에 있는 등대 앞까지 걸어가 항구 쪽을 바라보면, 길게 뻗어 벌린 동방파제의 거대한 팔이 서방파제와 손을 맞잡을 듯 항구를 포근히 감싸 안은 형국이다.

　서방파제 옆 영진 방향으로는 해안의 모래가 유실되는 것을 막기 위한 돌제 여섯 개가 나란하다. 이른바 주문진방사제다. 그중 한 곳이 드라마 〈도깨비〉의 배경지가 되면서 유명세를 톡톡히 치르는 중이다. 주인공 지은탁이 김신을 처음 만난 장소가 이곳으로, 그 장면을 재현하고자 찾아오는 사람들이 많다.

　주문진항은 바다를 삶의 터전으로 삼은 어민들이 승선할 배의 출항을 기다리는 정거장이다. 한때는 도시 전체가 흥청거릴 만큼 활황인 적도 있었다. 어획량이 예전 같지 않지만 여전히 만선의 꿈을 실은 어선들이 이곳에 묘박중이다.

　항구의 하루는 일찍 시작된다. 동트기 전부터 사람들이 몰려나오고 덩달아 수산시장도 분주해진다. 수산물을 생산하는 사람과 소비하는 사람, 그 둘을 매개하는 중간상인까지 한 공간에 모여들어 생산, 유통, 소비가 즉석에서 이루어진다. 유통 거리가 짧다는 매력 때문인지, 주문진항은 연일 방문객들로 문전성시다. 반나절만 이곳에 머물며 관찰해보면 우리나라 사람들이 수산물을 얼마나 사랑하는지를 알게 될 것이다.

항구 옆 어민수산시장에는 밤새 조업을 마치고 돌아온 배들이 막 부려놓은 생선들이 맨바닥에서 가쁜 숨을 몰아쉬고 있다. 거대한 자연과 대거리해 얻은, 어민들의 숭고한 노동의 산물이다. 정박한 배 위로는 전리품의 잔여물이라도 얻을 요량으로 선회하는 갈매기 떼가 성가시다.

주문진에서는 전통적으로 꽁치, 오징어, 청어, 양미리, 명태 조업이 성행했으나 지금은 해수 온도가 높아져 대표 어종이라고 내세우기도 겸연쩍어졌다. 명태는 거의 잡히지 않고 오징어나 양미리 어획량도 현저히 줄어들었다. 그래도 항구는 여전히 분주하다. 자망을 터는 사람과 통발 고르는 사람, 생선을 손질하는 사람 등 생선 냄새처럼 비릿한 삶들로 항상 시끌벅적하다. 항구 옆 수산시장도 분주하기는 마찬가지다. 더 싱싱한 상품을 고르느라 발품을 파는 소비자와 흥정한 활어를 손질하는 판매자의 손길까지 그 어느 곳도 정체된 구석이 없다. 모든 것이 어판장에서 파닥이는 물고기만큼 다이내믹하다.

주문진수산시장 입구에는 고래 조형물이 있다. 연오랑이 갑자기 나타난 바위(또는 물고기)를 타고 일본으로 건너가 왕이

되고 세오녀 역시 그 바위를 타고 건너가 왕비가 되었다는《삼
국유사》의 기록에 착안해 만든 설치물이다. 바위만큼 큰 물고
기가 고래일 것이라는 추정과 예전에 주문진에서 포획되었다
던 고래의 귀환을 염원하는 의미를 함께 담고 있다. 주문진의
풍어와 번영을 가져올 것이라는 믿음을 담은 시장의 상징인 셈
이다.

주문진항에서 해안도로를 따라 북쪽으로 조금 올라가면 해
양문화공원이 있다. 이 공원에는 터줏대감 같은 등대가 있다.
1918년 3월 20일 강원도에 맨 먼저 세워진 등대다. 1903년 우
리나라에서 처음으로 점등했다는 인천항 입구의 팔미도등대보
다는 조금 늦었지만 초기 등대 건물에 해당한다. 벽돌로 쌓아

항구 마을 주문진의 전경.

만들어 건축학적으로도 가치가 뛰어난 주문진등대는 긴 세월 어민들의 길라잡이 노릇을 해왔음에도 나이가 무색할 정도로 정갈하다. 아름다운 바다를 끼고 있어서인지 청명한 날에는 쪽빛 바다와 대비를 이뤄 마치 한 폭의 그림을 보는 듯하다.

오래전 주문진에서는 금방 눈이라도 내릴 듯 대기가 무겁게 가라앉은 날이나 안개가 자욱이 낀 날에는 영락없이 에어 사이렌이 울렸다. 보리골(주문진에 있는 옛 마을 이름)을 돌아다닌다는 나환자가 근심스럽게 우는 소리 같기도 하고, 불빛 한 점 없는 칠흑의 시골길을 걷는 것처럼 암울하고도 을씨년스런 소리였다. 출항한 배들을 불러 모으는 소리인데도 마치 누군가를 멀리 떠나보내는 듯했다. 지금도 알 수 없는 것은 그 소리가 진짜 이 등대에서 나왔을까 하는 점이다. 이렇게 말쑥하게 생긴 등대가 왜 그런 음울한 노래를 불렀던 것일까?

등대에서는 주문진항이 바로 보이지 않는다. 미로처럼 엉킨 좁을 마을길을 따라 주문진 서낭당에 이르면 그 뒤편에 주문진항을 조망할 수 있는 전망대가 있다. 그곳에서 항구를 내려다보면 어판장과 그 밑으로 정박한 배들이 어깨를 맞댄 채 콧노래 부르듯 온몸을 살짝살짝 들썩이는 모습을 볼 수 있다.

등대에서 해안도로를 끼고 북쪽으로 조금 달리면 소돌항을 만나게 된다. 작은 마을 항구다. 그 가장자리로 활어를 먹을 수 있는 상가촌이 형성되어 있다. 방파제가 팔을 길게 뻗어 바다를 차단한 뒤편으로는 아들바위공원이 있다. 일반적인 기자석

(祈子石, 아들 낳기 위해 비는 바위)과는 생김새가 전혀 다른 기암 괴석이 방문객을 마중한다. 지금으로부터 1억5000만 년 전 쥐라기시대 때 발생한 지각변동으로 인해 바다에서 솟아오른 것이라 한다. 반석이 넓게 펼쳐져 있고 바닷물이 깊지 않아 접근하기도 좋다.

아들바위 위쪽이 소돌해변이다. 수심이 얕고 물이 맑아 피서객이 많이 찾는 곳이다. 모래사장 옆으로 펼쳐진 울창한 소나무 숲은 천연 파라솔이 되어준다. 잠깐! 이곳에서 물놀이를 할 때는 부디 트위스트를 춰보길 당부한다. 조금 길게, 혹은 조금 짧게. 모래 속에 서식하는 '째복'이라 부르는 민들조개를 잡는 경이로움을 맛볼 수 있을 것이다.

작은 금강산
소금강

소금강은 강이 아니다. 강릉시 연곡면에 있는 산이다. '산' 자로 끝나는 이름들과 달리 '강' 자로 끝나 강이라고 오해하는 사람이 종종 있다. 소금강도 한때 청학산이라는 이름으로 불렸다.

소금강은 '작은 금강산'이라는 뜻이다. 우리나라에서 가장 아름다운 산이라 일컬어지는 금강산처럼 산수경관이 빼어나다는 의미를 띤다. 전국의 아름다운 산을 일컫는 별칭으로 종종 쓰이는 이름이지만 강릉 사람들에게 소금강은 과거 청학산이라 불렸던 바로 이 산뿐이다.

강릉 소금강은 오대산 북대에서 뻗어 내린 산자락에 위치해 그 자체가 오대산국립공원에 속한다. 해발 1338미터의 정상에는 바위들이 봉우리를 이루고 있는데, 그 모습이 마치 노인 같다고 해서 노인봉이라 부른다.

노인봉 등정에는 몇 가지 코스가 있다. 연곡면 삼산리에 있는 소금강관리사무소에서 출발해 정상을 지나 진고개에서 마치거나 출발 지점으로 되돌아오는 방법이 있고, 진고개에서 출발해 정상을 지나 소금강관리사무소에서 마치거나 다시 진고개로 되돌아가는 방법이 있다. 그중 진고개에서 출발해 진고개로 되돌아가는 코스가 가장 짧아 선택하는 사람이 많다.

정상에 오르려는 목적이 아니라 산세와 풍광을 즐기려는 산행이라면 소금강관리사무소에서 시작하기를 권한다. 소금강 입구부터 계곡을 따라 시작된 산길은 낙영폭포에 이르기까지 내내 계곡을 끼고 있다. 길 옆에는 계곡과 암벽이 빚어낸 십자소, 연화담, 명경대, 식당암, 삼선암, 구룡폭포, 귀면암 같은 아름다운 비경들이 숨어 있다. 계곡은 맑고 푸르게 흐르던 물을 곳곳에서 가두어 소를 만들고 탐승객에게는 그 깊이를 보여주지 않는다.

물은 아래로 흐르는데 사람들은 물길을 거슬러 오른다. 식당을 차리고도 남을 만큼 넓은 너럭바위 식당암, 그 옆 작은 둔덕에 핀 구절초 꽃이 애잔하다. 걸음을 멈춘 사람들이 식당암 여기저기에 모여앉아 짙은 물색을 바라보며 오를 때 놓친 풍경을 여유롭게 즐긴다. 자연에 꽤 깊숙이 들어왔음에도 사람이 많다. 이는 일찍이 이이가 의도했던 바다.

소금강이 원시림으로 둘러싸여 세상에 공개되지 않았던 시절, 이이가 먼저 이곳을 유람한 적이 있었다. 외할머니를 뵈러 강릉에 왔다가 박대유로부터 "청학이 암봉 위에 깃든 매우 맑고 깊은 골짜기로 인해 경치가 신비로운 곳이 있으나 유람하는 사람이 없다."라는 말을 듣고서였다. 이이는 동생 이우와 박대유, 장여필, 권표장 등과 함께 그 비경을 보기 위해 길을 나섰다. 세속에 알려지지 않은 첩첩한 봉우리와 웅숭깊은 계곡에 숨겨진 승경들을 돌아본 이이는 촉운봉, 비선암, 천유, 경담 등 뛰어난 풍경에 걸맞은 이름을 짓고, 산 이름을 청학산이라 불렀다.

이 아름다운 산이 세상에 알려지지 않은 것을 안타깝게 생각한 이이는 〈유청학산기〉를 지었다. 이 글에서 '오대산이나 두타산보다 품격이 높은 청학산이 세상에 알려지는 것은 사물의 이치'라고 했는데, 행간에서 이 산을 널리 알리고자 한 의도가 읽힌다.

어떤 감탄의 언어를 다 동원한다고 해도 소금강이 품은 기암괴석과 맑은 물이 흐르는 담과 소, 암벽을 타고 흐르는 폭포 등의 절경을 표현하는 데는 모자람이 있다. 그래서 청학산보다 소금강이라는 이름이 더 적절한지도 모르겠다. 놀라운 경승 덕분에 소금강은 1970년 '우리나라 명승 제1호'라는 값진 이름을 얻게 되었다.

소금강에는 축조 시기를 알 수 없는 산성이 하나 있다. 아미산성 또는 만월성이라고도 불렀다는 금강산성이다. 구룡폭포 부근 능선을 따라 쌓은 성인데, 이이가 소금강에 올랐을 때는 이미 산성으로써의 역할을 하지 못했던 것으로 보인다. 금강산성에는 1000여 년 전 마의태자가 기거했다는 이야기가 흔적처럼 남아 전한다.

소금강은 특히 단풍이 곱다. 단풍철이 되면 진고개에서 노인봉을 거쳐 소금강관리사무소 쪽으로 코스를 잡아 산행하는 사람들이 많다. 대략 13킬로미터에 이르는 등산길에 단풍보다 더 다양한 빛깔의 등산복을 입은 사람들이 끝도 없이 이어진다. 그 사이에 꼈다면 꼼짝없이 사람 줄에 갇혀 앞사람 뒷모습만 바라보며 종착지까지 떠밀리다시피 하산하는 수밖에 없다. 그래도 포기할 수 없는 것이 소금강 산행이다.

단풍이 지고 나면 소금강은 한적해진다. 가을의 잔영을 애써 붙잡고 있는 생강나무 잎만 노랗다. 눈이라도 내릴라치면 산도 물도 새도 다 잠들어 적막감만 남는다. 뼈대가 드러난 암벽과 나무에 눈이 쌓이기 시작하면 또 다른 절경이 만들어진다. 산은 수묵화처럼 고요하기만 한데 소금강은 자꾸 사람들을 유혹한다. 이처럼 일 년 내내 아름다운 모습을 보여주는 소금강에 우리나라 제일 명승이라는 번호가 붙은 것은 퍽 자연스럽다. 소금강은 그냥 명승이다.

강릉의 둘레를 모두 잇는
바우길

여러 해 전부터 전국적으로 걷기 길이
많이 생겼다. 한동안 마라톤 열풍이 불어 너나 할 것 없이 달리
기에 열중하더니 또 다른 지류로서 걷기 열풍이 시작되었다.
강릉에는 바우길이 만들어졌다. 대관령에서 해안까지, 옥계에
서 주문진까지, 강릉의 동서남북을 연결하는 17개 구간 총 280
킬로미터에 달하는 걷기 길이다.

바우는 강릉말로 바위라는 뜻으로 강원도 사람을 이를 때
'감자바우'라고 부르기도 한다. 바우길 이름은 소설가 이순원
이 지었는데, 그에 의하면 바우는 쓰러져가는 사람을 손으로
쓰다듬는 것만으로 살아나게 하는 능력을 가진 바빌론 신화에
나오는 여신 이름이라고 한다. 바위가 있는 길을 걸으면서 마
음을 치유하는 길이 강릉 바우길이라고 정리하면 맞을 것이다.

강릉 바우길은 사단법인바우길사무국이 2009년부터 강릉
의 주변 길을 탐사해 만들기 시작했다. 없는 길을 새로 내거나

인공을 가하지는 않고 있는 그대로의 마을길, 산소길, 임도 등을 연결해 조성했다. 구간마다 주변의 자연환경, 역사와 관련된 사건들을 스토리텔링해서 이름을 붙였다.

그렇게 선자령 풍차길을 시작으로 대관령옛길, 어명을 받은 소나무길, 사천 둑방길, 강릉 바다호숫길, 굴산사 가는 길, 풍호 연가길, 산 위에 바닷길, 헌화로 산책길, 심스테파노길, 신사임당길, 주문진 가는 길, 향호 바람의 길, 초희길, 강릉 수목원 가는 길, 학이시습지길, 안반데기 운유길 등이 만들어졌다. 구간의 이름만으로도 강릉의 자연과 역사를 그대로 펼쳐놓은 듯하다.

산과 호수, 바다를 두루 갖춘 강릉의 풍광에는 누구나 찬탄의 말을 아끼지 않는다. 이런 자연은 골골이 들어가서 보지 않으면 체험하기 어렵다. 한국의 숲이 어딘들 좋지 않으랴마는 붉은 외피가 아름다운 금강소나무의 우점도가 높은 강릉의 숲은 단연 돋보인다. 그런 숲길이 바우길 전 구간에 포진해 있으니 흙길을 걷는 즐거움 외에도 숲이 주는 정취가 최고일 수밖에 없다.

바우길은 숲길이 포함되어 있어도 난이도는 높지 않아 누구나 가볍게 걸을 수 있다. 예외적인 구간이 있다면 선자령 풍차길과 대관령옛길 정도다. 선자령 풍차길은 다른 구간에 비해 고도가 높은 편이어서 기온변화에 따른 옷차림에 신경을 써야 한다. 불행히도 선자령을 등반하다가 저체온증으로 사망한 사

강원도에서 맨 먼저 세워진 주문진등대.
벽돌로 쌓아 만들어 건축학적 가치도 뛰어나다.

©Eun

한양에서 정동쪽에 있어
'정동진'이라 이름 붙은 이곳 바다로
매년 첫 해돋이를 보러 오는 사람이 많다.

Jinny Jin©

경포 호수길은 전국에서도
손꼽히는 벚꽃 명소다.

Taesik Park©

소금강의 단풍.

예향 강릉의 아름다운 겨울 정취.

해발 1100미터 능선에 펼쳐져 있는
안반데기 고랭지채소밭.

괭이눈

구슬붕이

동자꽃

며느리밥풀

흰진범

가시연

례도 있다.

선자령 풍차길은 우리나라 최대 풍력단지가 있는 곳으로, 백두대간 능선을 따라 걷는다. 능선 여기저기 거대한 몸집으로 연신 긴 팔을 돌려 바람을 가두는 풍차 모양의 풍력기가 인상적이다. 가까이서 올려다보면 날개 돌아가는 모습이 괴기스럽기까지 하다. 백두대간 능선에 서면 강원 영동과 영서 양쪽을 조망할 수 있다. 동으로는 아스라한 운무의 끝에 동해가 걸리고, 서로는 대오가 비교적 자유로워 보이는 풍력기가 에너지를 생산하기 위해 거대한 팔을 성실히 돌리는 모습을 볼 수 있다. 숲에서는 양쪽 풍경에 관심 없는 듯 얼레지, 여로, 동자꽃 등이 고개를 맞대고 자기들끼리 재잘댄다.

어명을 받은 소나무길은 보광리에서 어명정, 술잔바위를 거쳐 명주군왕릉에 이르는 소나무 숲길이다. 광화문을 복원할 때 기둥으로 사용할 목재를 베었던 자리에 그것을 기념해 세운 정자가 어명정이다. 기둥으로 쓸 곧고 반듯한 아름드리 소나무를 벨 때 옛날 방식대로 어명을 내렸다고 해서 그렇게 이름 지었다. 정자 안에 설치된 유리 바닥 밑으로 벌목한 소나무의 나이테를 관람할 수 있다. 온몸 받쳐 국가 건축물의 부재가 된 것을 축하해야 할지, 위로해야 할지 알 수 없다. 그루터기를 박제 상태로 유리 안에 가두었으니.

풍호 연가길은 풍호가 있는 하시동 마을을 지나는 코스다. 호수 주위에 단풍나무가 많아서 그렇게 이름 붙은 풍호는 안인리 영동화력발전소에서 발생된 탄 찌꺼기 매립장이 되어 지금은 호수 일부만 남아 있다. 강릉지방은 바다 모래가 쌓여 낮은 구릉 모양이 된 해안사구가 발달해 있는데, 특히 하시동과 안인리 해안사구는 2008년 생태경관보전지역으로 지정되기도 했다. 해안사구의 형성과 역할에 대해 알아보며 구간을 마무리할 수 있다.

심스테파노길은 과거 심스테파노라는 천주교 신자가 포도청 포졸한테 잡혀 순교했던 마을이 구간에 포함되어 있어 그렇게 이름 지었다. 명주군왕릉에서 심스테파노 마을, 위촌전통문화전승관을 지나는 코스다.

향호 바람의 길은 주문진 항구에서 향호와 향호리 저수지를 한 바퀴 도는 길이다. 한 코스에 호수와 저수지를 동시에 걸을 수 있도록 연결했다. 바람에 일렁이는 고요한 석호, 외진 숲길과 마을 길, 그리고 산으로 둘러싸인 저수지 길이 평온하고 고즈넉하다.

학이시습지길은 이름대로 《논어》의 첫머리 '학이시습지 불역열호(學而時習之 不亦說乎)'에서 따왔다. 이 구절이 나오면 기계적으로 '유붕자원방래 불역낙호(有朋自遠方來 不亦樂乎)'라는 다음 구절이 입에 붙는다. 강릉원주대학교에서 시작되는 길인데 그 이름이 썩 잘 어울린다. 길은 오죽헌, 선교장, 김시습기념관, 허난설헌 생가 마을로 이어진다.

강릉 바우길을 걸으면 마치 포행(布行)•하는 수도승 같다

는 느낌이 든다. 특히 산길에서는 짐승의 울음소리나 부스럭거
리는 소리만 가끔씩 들려올 뿐 인적이 드물어 오로지 걷기에만
몰두하게 된다. 속 시끄러운 일조차 잊게 돼 온전히 자연 안의
또 다른 작은 자연으로 돌아가게 된다.

●　　승려들이 천천히 걸으면서 참선하는 일.

해발 1100미터 능선 위에 퍼진 초록빛

안반데기

안반데기는 제 모습을 쉬이 보여주지 않는다. 강릉 시내에서 출발해 닭목령을 넘어가는 길을 따르자면 쉬엄쉬엄 오라는 듯 왕산팔경이 연이어진다. 계곡을 따라 오르던 길이 문득 틀어진 경사로를 만들면 곧 '백두대간 닭목령'이라고 큼지막하게 새겨진 표지석에 다다른다. 백두대간의 신령스러운 기운이 닿은 것인지 능경봉에서 고루포기산, 삽당령으로 이어지는 길목에 위치한 닭목령은 운무로 아득할 때가 많다.

감자원종장 직전에 우회전해 이어지는 키 큰 나무들 사이, 안반데기로 이르는 도로를 따르다 보면 참으로 외진 곳이라는 느낌이 절로 든다. 안반데기가 화전민들의 삶의 터전이었을 때 이 길은 세상으로 통하는 유일한 통로였을 것이다.

안반데기는 해발 1100미터 높이의 능선에 있다. 그 이름은 지형이 떡메로 떡쌀을 칠 때 밑에 받치는 넓고 평평한 나무판인 안반을 닮았다고 해서 지어졌다. 보통 굵은 소나무를 잘라서 만드는 안반은 식생활 도구치고는 상당히 큰 편에 속한다.

안반데기의 지형은 남북으로 넓고 길게 뻗어 있다. 어찌 보면 거대한 해마가 꼬리를 감고 있는 것처럼 보인다. 높은 곳에서 부감하듯이 내려다보면 안반처럼 평평해 보이기도 하지만 실상은 경사가 심한 비탈밭이다. 지금은 기계를 이용해 농사를 짓지만 얼마 전까지도 소를 이용해 농사를 지었다고 한다. 겨릿소가 아닌 호릿소로 밭을 갈 수밖에 없을 것같이 비탈이 심하다.

오늘날 안반데기에 거주하는 가구는 서른 세대를 넘지 않는다. 감자를 수확하거나 배추를 심을 때는 외부에서 인부를 고용할 수밖에 없다. 한 이랑씩 차지한 인부들이 넓디넓은 밭에 씨눈을 매단 씨감자나 배추 모종을 오종종 심으면 씨눈과 모종이 지력에 기대 홀로서기를 시작한다. 그다음부터는 줄곧 햇살과 바람 그리고 비가 그것들을 키운다.

고도가 높은 안반데기에는 바람이 많이 분다. 이 바람을 이용해 에너지를 생산하는 풍력발전기가 종일 쉬-엑, 쉬-엑 소리를 내며 풍차 손을 돌려댄다. 가까이서 보면 이물스러운 거대한 인공구조물이지만 멀리서 조망할 때는 경작지의 실루엣을 풍성하게 하는 요소다.

안반데기는 우리나라 최고의 고랭지채소 단지다. 농경지가 195만5000제곱미터에 이른다고 하는데 그 크기가 언뜻 가늠되지 않는다. 마음먹고 걷자고 해도 한참이나 걸릴 만큼 넓은 면적이다. 이 광활한 밭에서 감자, 배추 등을 생산한다. 고지대 산을 깎아 만든 경작지라 토질이 그리 비옥한 편은 아니지만 작물들의 수확 철이 되면 이를 실어 나르기 위한 대형 트럭들이 가파른 산비탈을 줄지어 오르내린다.

접근도 어려운 고산지대에 이토록 넓은 농경지를 조성한 까닭은 무엇일까? 이미 알려진 대로 안반데기는 화전민들의 손으로 개간되었다. 농사지을 땅뙈기 하나 없던 가난한 사람들이 목숨을 연명하기 위해 깊은 산중에 들어와 황무지를 개간해 농사를 지은 것이 그 시초였다. 양반들이 풍부한 노동력과 경제력으로 개간해 사유화했던 토지와 달리 화전민이 개간한 농토는 생산성이 떨어지는 척박한 땅이었다. 이런 토지들은 한국전쟁 후 본격적으로 개간되기 시작했는데, 1965년경 마을을 이루고 1995년 주민들이 농지를 불하받으며 오늘에 이르렀다.

밭을 갈 때 골라낸 돌들을 모아 쌓은 곳이 멍에 전망대다. 표지석이 멍에 모양을 닮았는데, 멍에는 소가 쟁기를 끌도록 모가지에 거는 휘어진 막대를 뜻한다. 전망대 이름에서 알 수 있듯 안반데기는 소와 농부의 애환이 서린 땅이다. 천형 같은 노동에 고단했을 소가 착한 눈을 끔뻑이며 전망대 표지석을 보고 있을 것만 같다.

전망대에 서면 안반데기의 그림 같은 풍광을 한눈에 조망할 수 있다. 하얀 도화지 같은 고원에 일제히 푸른 물감을 풀어놓은 듯 쨍한 풍경을 맞닥뜨릴 기회를 어디서나 얻을 수 있는 것은 아니다. 그래서인지 입소문이 나기 시작했고 특히 사진 찍는 사람들 사이에서 인기 출사지로 떠올랐다. 고랭지채소 산지인 안반데기가 새로운 관광지로 각광받게 된 것이다.

멍에 전망대 외에도 안반데기의 면모를 조망할 수 있는 곳으로 일출 전망대, 정자쉼터, 고루포기 전망대 등이 있다. 차와 간단한 간식을 먹을 수 있는 쉼터도 있는데, '구름이 노는 곳'이라는 뜻의 운유 쉼터다. 안반데기에 관한 간략한 설명과 이곳에서 살아가는 사람들의 모습이 패널로 소개되어 있다.

안반데기에 접근하는 코스는 두 가지다. 강릉에서 닭목령을 넘어가는 방법과 용평에서 피득령을 넘어가는 방법이다. 두코스 모두 울창한 산림 속으로 난 길을 따라 올라가야 하는데 피득령 길이 더 구불구불하고 가파르다. 안반데기는 고도가 높아 다 오르기 전에는 날씨 상태를 종잡을 수 없다. 금방 쾌청했다가도 어느새 구름이 모여들거나 안개가 자욱이 끼곤 한다. 연중 멋진 풍광을 보여주는 곳이지만 일기를 예측할 수 없어 낭패를 보기 십상이다.

그럼에도 낯선 아름다움이 주는 감동 때문에 사람들은 험한 고개를 넘어 외진 고원으로 찾아온다. 그들은 인공이 제법 자연화한 안반데기에서 날것의 초록을 즐긴다. 사람들은 태생적으로 초록의 자연성에 편안함을 느끼는 것 같다. 그러고 보니 남북으로 길게 뻗은 안반데기의 지형이 마치 팔을 활짝 벌려 반갑게 손님을 맞이하는 산주인의 모습처럼 느껴진다.

강릉 역사의 어제와 오늘을 가른 변곡점

올림픽과 KTX

영동고속도로 강릉 나들목을 통과하면 오른쪽에서 수호랑과 반다비가 반갑게 맞는다. 잠시 후 길 양쪽으로 오륜기와 '경포의 다섯 개 달'을 중의적으로 상징한다는 다섯 개의 원으로 이루어진 가로등이 밝은 빛을 뿜어내며 이곳이 올림픽 도시라는 사실을 말해준다.

2018년 평창동계올림픽이 개최될 때 엠블럼과 마스코트는 많이 알려졌지만 슬로건인 '하나 된 열정(Passion, Connected)'을 기억하는 사람은 많지 않을 것이다. 전 세계인이 공감하고 참여한다는 뜻을 담은 이 슬로건 아래 2018년 2월, 강릉은 세계의 중심에 섰다. 평창동계올림픽 개최지는 평창뿐 아니라 강릉, 정선을 포함했다. 그중 올림픽 기간 내내 세계인의 주목을 가장 크게 받은 곳은 강릉이었다. 남북한 아이스하키 단일팀 구성, 북한 응원단 방한, 북한 예술단 공연, 컬링 준우승 등 화제성이 풍부한 일들이 대부분 강릉에서 이루어졌다.

　강릉 사람들에게 2018년 평창동계올림픽은 '강릉올림픽'이나 다름없었다. 개최 기간 내내 도시 전체가 올림픽 무대였다. 강릉을 종착역으로 하는 KTX 고속철도가 연결되고 도로가 확충되어 많은 사람이 강릉을 찾았다. 강릉역사를 새로 짓고 아트센터와 문화시설도 곳곳에 만들어 다양한 행사를 개최했다. 고요했던 강릉이 올림픽과 함께 역동적인 시간 속으로 빨려 들어갔다. 강릉의 역사를 통틀어 이렇게 짧은 시간에 도시 모습을 혁신한 적은 없었고 앞으로도 없을 것이다.

　올림픽을 개최하면서 가장 크게 달라진 점은 교통편일 것이다. KTX 강릉선이 개통되어 서울과의 거리가 매우 가까워졌다. 물리적인 거리 이상으로 심리적인 거리도 가까워졌다. 이동 시간이 단축되니 고속철을 이용해 강릉을 하루만에 다녀가는 관광객들도 많아졌다.

　도시 미관도 훨씬 좋아졌다. 강릉이 다른 도시에 비해 깨끗하고 아름답다는 정평은 전에도 있었지만 올림픽을 준비하며 더 달라졌다. 올림픽 개최 이후의 평가에서도 강릉이 아름답다는 내용이 빠지지 않았다. 강릉은 사시사철 아름답지만 스산한 겨울보다는 녹음이 우거지고 화사한 꽃이 피는 계절이 훨씬 아름답다. 동계올림픽 특성상 겨울에 행사를 치러 비교적 삭막한 풍경이었음에도 그 숨은 아름다움이 '주머니 속 송곳'처럼 불쑥불쑥 제 존재를 드러냈는가 보다. 아니, 어쩌면 자연 풍광보다 그 안에 담긴 콘텐츠의 아름다움을 보았는지도 모르겠다.

강릉은 빙상 경기를 개최하기 위해 컬링센터, 하키센터(강릉·관동 하키센터), 아이스아레나, 스피드스케이팅 경기장을 새로 건립했다. 강릉올림픽파크 내에서 가장 아름다운 경기장은 단연 아이스아레나다. 밤에는 아름다운 조명이 더해져 신비감을 더한다. 이 건물은 피겨스케이팅의 아름다움과 쇼트트랙, 스피드스케이팅의 역동성을 동시에 표현하고 있다. 김연아 선수의 우아한 점프 동작과 스케이팅 선수들의 헬멧을 흰색 패브릭 외관으로 형상화한 것이 인상적이다.

아이스아레나의 신비로운 불빛을 경포로 가는 도로에서 보았다면 아마도 그 아름다움에 탄성을 질렀을 것이다. 실제로 올림픽 기간 동안 경포 방향 도로변에서 아이스아레나에 포커스를 맞추고 방송하는 해외 미디어를 수없이 볼 수 있었다. 강릉에 이토록 많은 외국인이 방문한 것도 역사 이래 처음이다.

수호랑과 반다비가 반기는
강릉 KTX 역사 앞.

강릉은 올림픽 이전에 대형 국제행사를 개최한 경험이 없지만
(2004년 강릉국제관광민속제를 개최한 것이 전부였다) 시민들은 스
스럼없이 세계인의 축제를 함께 즐기며 올림픽 기간 내내 거리
에서, 경기장에서, 상가에서 이웃 대하듯 방문객을 대했다.

　유천택지에 조성된 선수촌에서 교동 올림픽파크로 접근할
수 있는 경로가 몇 가지 있는데 이 거리를 자전거로 이동하는
선수들이 꽤 많았다. 특히 '오렌지군단'으로 불린 네덜란드 선
수들이 자주 눈에 띄었다. 그들은 오렌지색 옷을 입고 힘차게
페달을 밟으며 농로를 지나 경기장으로 갔다. 그 모습이 너무
일상적으로 보여 전혀 이방인 같지 않았다.

　국제적인 행사를 치른 후 강릉은 성큼 자랐다. 도시 역량
이 충분히 발휘되었고 시민의식 또한 높았다. 기치로 내걸었던
'문화올림픽'을 성공적으로 구현했다. 문화올림픽은 평창올림
픽의 5대 실천 목표 가운데 하나로, 올림픽 기간 내내 강릉 곳
곳에서 신명의 길놀이, 전통 도배례, 강릉농악, 강릉관노가면
극, 단오굿, 세계커피축제, 청춘경로회, 대도호부사 행차 등 전
통문화와 현대문화가 어우러진 이채로운 행사들이 이어져 좋
은 반응을 얻었다.

　어떤 의미에서 강릉은 2018년 올림픽 이전과 이후로 나뉜
다고 할 수도 있다. 단시일 내에 도시 환경과 스포츠 환경, 시
민의식과 문화적 역량이 총망라되었다는 점에서 올림픽 개최
는 강릉의 역사를 가르는 변곡점이 되었음이 분명하다.

역사 속
현장을 거닐다

강릉에 살았던 옛사람들의 흔적
도시 전체가 유적지

강릉은 도시 전체가 유적지다. 까마득히 먼 옛날, 역사를 문자로 기록하기 이전부터 강릉에 살던 사람들은 그 흔적을 여러 곳에 남겨놓았다.

선사시대 유적은 대부분 해안 쪽에 치우쳐 발견되었다. 북쪽에서부터 교항리, 방내리, 영진리, 방동리, 안현동, 초당동, 강문동, 병산동, 안인리 등의 유적으로 이어지며 해안선을 따라 발달한 해안단구나 하천 주변의 하안단구 면에서 유물들이 발견되었다. 해안이나 하천변이 식량을 얻기 쉬웠기 때문으로 보인다. 그래서 강릉 해안 마을에서는 건축공사 때 매장문화재로 추정되는 유구와 유물이 발견되어 행정적 절차를 이행해야 하는 상황이 종종 발생한다.

강릉에 처음 사람이 살기 시작한 때는 구석기시대로, 내곡동 유적지에서는 뗀석기가 2100여 점이나 출토되었다. 강릉 지역 구석기시대 유적 가운데 가장 많은 수의 석기로, 구석기시대 사람들이 어떤 환경에서 어떻게 생활했는지 엿볼 수 있는 실마리를 제공한다. 대부분의 유적이 그렇듯 내곡동 유적도 우연히 세상 밖으로 드러났다. 가톨릭관동대학교 내에 동계올림픽 아이스하키 경기장을 건설하기 전에 실시한 지표조사 때 발견되었다.

신석기시대 사람들은 바다나 호수 주변의 모래언덕에서 살았다. 그곳에 움집을 짓고 생활에 필요한 토기를 비롯해 수렵과 어로에 필요한 돌도끼, 돌화살촉, 돌칼, 어망추 같은 간석기를 제작했다. 그들은 마을도 형성했는데, 5~6기의 주거지들이 마을을 이루었던 흔적을 초당동 유적에 남겨놓았다.

청동기시대 사람들은 하천과 바다가 만나는 곳이나 호수 가까운 곳의 구릉지대에 살았다. 교동 유적은 강원 동해안 지역에서 가장 오래된 청동기시대 유적으로, 1호 주거지에서는 남한 지역의 청동기시대 유적 중 가장 오래된 탄화미가 발견되어 당시의 농경생활상을 읽을 수 있는 단서를 제공했다.

전기 청동기시대 유적인 방내리 유적지에서는 구멍무늬토기, 돌칼, 돌창, 돌도끼, 돌끌, 돌대패, 반달돌칼 등의 간석기가 출토되었다. 후기 청동기시대의 취락 유적인 방동리 유적에서는 주거지, 토기 가마, 분묘, 방어시설인 환호 등이 조사되었다.

철기시대의 대표 유적으로는 안인리 유적을 들 수 있다. 집자리 유적으로 모양에 따라 철(凸)자형과 여(呂)자형으로 구분된다. 이곳에서는 민무늬토기, 두들긴무늬토기가 사용되었다.

우리나라의 대표적인 저습지 유적인 강문동 유적지에서는 여러 점의 목기와 다양한 동식물 자료가 발굴되었다. 복을 점칠 때 사용한 것으로 추정되는 12점의 점뼈도 출토되었다.

강릉 지역에서 조사된 삼국시대 고분 가운데 가장 이른 시기에 축조된 것은 안현동 고분이다. 이곳에서는 많은 수의 목곽묘가 조사되었다. 초당동 유적은 강릉 일대에서 발견된 다른 고분에 비해 크게 위세를 떨친 지배집단이 남긴 무덤군으로 알려져 있다. 출(出)자형 금동관, 환두대도, 금동제 호접형 관모 장식, 은제 허리띠 장식 등 아름답고 격조 있는 신라시대 유물들이 출토되었다.

한때 강릉에서는 어두운 밤에 땅을 파라는 말이 있었다. 땅만 팠다 하면 유물이 나왔기 때문이다. 공사중 매장문화재를 발견하면 즉시 공사를 중단하고 신고해야 한다. 그런 예상치 못한 일에 맞닥뜨리지 않으려면 한밤중에 터를 파라는 것인데 그렇게 한 사람이 있었는지는 모르겠다. 실제로는 건축공사 전에 매장문화재 유존지역에 대한 사전조사가 진행되기 때문에 유적이 훼손되는 일은 거의 없다.

초당동에서는 수십 년 살던 가옥을 허물고 새로 집을 지으려고 터파기 공사를 하던 중 고분이 발견되기도 했다. 여태껏 옛사람의 무덤 위에서 살았던 것이다. 고고학적으로는 옛사람들의 매장문화를 보여주는 중요한 자료지만, 아무것도 모른 채 그곳에서 살아온 사람들이 느끼는 놀라움은 실로 컸다.

선사시대에는 삶의 방편으로 돌을 깎아 다듬고 흙으로 그
릇을 빚었다. 기능적인 목적으로 만들던 생활용품에 장식을 더
하기 시작한 것은 신석기시대부터다. 토기를 빚을 때 표면에
문양을 파거나 덧띠를 둘렀다. 심지어 토제 가락바퀴에 무늬를
넣기도 했다. 연질 토제품에 아름다움을 표현하던 미의식은 이
후 굽다리접시 같은 경질 토기로 이어지고, 금동관이나 환두대
도 같은 금속제품으로 확대되어 정교한 세공품을 남겼다. 강릉
에서 발견된 다량의 출토유물 가운데 선사시대 강릉 사람들의
미감이 고스란히 표현된 유물은 강릉 내 여러 박물관과 국립춘
천박물관에서 만날 수 있다.

1200년 전 왕권쟁투의 역사를 보여주는

명주군왕릉

미나리아제비꽃이 명주군왕릉 표지석을 노랗게 에워싼 오월, 왕릉 봉분에서 민들레 하나가 막 홀씨를 날릴 참이다. 강릉의 토성 중 둘째가라면 서러워할 강릉 김씨의 시조 김주원은 명주군왕이라는 묵직한 이름으로 천년 넘게 서쪽을 바라보는 중이다.

성산면 보광리의 외진 마을에 자리잡은 왕릉에는 역사 시간에 배운 적이 없을지도 모르는 왕이 잠들어 있다. 바로 명주군왕이다. 이름에 지역명이 들어가 있는 왕이, 역사 이래 도읍이었거나 도읍과 인접한 적이 단 한 번도 없던 명주(강릉) 땅에 잠들어 있다니 사연이 궁금해진다.

785년, 신라 선덕왕이 후사 없이 죽자 군신들이 의논해 김주원을 왕으로 추대하고자 했다. 김주원은 왕가의 혈족으로서 상재(上宰)의 자리에 있던 당대 최고 실력자였다. 김주원의 집이 궁에서 북쪽 20리에 있었는데 마침 큰 비가 와 알천의 물이

불어 입궐하지 못했다. 그러자 군신들은 폭우가 내린 것이 김주원을 왕으로 옹립하지 말라는 뜻이라며 상대등 김경신을 옹립하기로 중의를 모았다. 김경신이 궁으로 들어가 왕으로 즉위했는데 그가 원성왕이다.

원성왕이 즉위하자 신변의 위협을 느낀 김주원은 모향인 강릉으로 이거했다. 신라명주군왕김주원신도비에는 '어머니를 모시고 어머니의 고향인 명주로 이주할 때 천북인을 거느리고 왔다.'라고 기록되어 있다. 김주원이 많은 사람과 함께 강릉으로 들어왔음을 알 수 있다.

강릉 김씨의 시조이자 군왕이었던
김주원을 모신 명주군왕릉.

김주원이 강릉에 살면서 독자적인 세력을 형성하자 원성왕은 그를 명주군왕으로 봉하고 명주, 삼척, 울진, 평해 등을 식읍으로 주어 다스리게 했다. 김주원의 후손들은 식읍을 기반으로 정치, 경제, 종교, 군사적으로 막강한 영향력을 행사하는 세력으로 성장했다. 금산리 정봉산 밑에는 신라 말기에 쌓은 것으로 추정되는 성이 있는데 김주원이 강릉으로 낙향한 뒤 쌓은 것으로 보고 있다. 이곳에서 명주성(溟州城)이라고 새겨진 와당이 수습되기도 했다.

명주군왕릉의 규모를 보면 그 후손인 강릉 김씨의 영향력을 실감할 수 있다. 입구에서부터 왕릉까지의 규모가 예사롭지 않다. 한 성씨의 시조이자 군왕이었으니 그럴 법도 하다.

묘역의 시작점에는 명주군왕의 사적이 기록된 신도비가 있다. 비문을 이승만 대통령이 지었다는 이 비는 비각 안에 홀로 서 있다. 홍살문을 들어서면 소나무가 둘러쳐진 산자락 앞으로 청간사, 숭열전, 숭의재가 일직선으로 자리하고 있다. 청간사는 김주원의 후손인 매월당 김시습의 영정을 봉안한 사당이고, 숭열전은 명주군왕의 5대조인 태종무열왕의 위패를 봉안한 사당이며, 숭의재는 능에 제사를 지내기 위해 지은 재실이다.

전각들을 지나 또 다른 홍살문을 들어서면 능을 수호하는 사찰인 삼왕사가 보인다. 사찰 오른쪽 광장 동쪽에 명주군왕의 제사를 봉향하는 능향전이 문인석과 무인석의 비호를 받으며 우뚝 서 있다.

능향전 뒤로 산을 깎아 만든 경사진 비탈에 조성된 묘역은 크게 3개 층으로 이루어져 있다. 맨 위에는 긴 네모꼴의 둘레돌을 돌린 봉분 두 개와 상석이 있고, 그 아래 양쪽에는 망주석과 동자석이 한 쌍씩 있으며, 맨 밑에는 문인석 한 쌍과 석등, 동물 석상 한 쌍이 있다. 석물들은 저마다 오래된 나이를 말해주듯 검버섯 같은 돌꽃을 피우고 있다.

무표정하게 조성된 동자석과 달리 주먹코를 한 문인석은 살짝 미소를 머금은 듯한 표정을 짓고 있다. 동자석과 문인석에 비해 해태상으로 보이는 동물 석상은 입체감이 매우 풍부하다. 각각 다른 방향으로 고개를 조금씩 돌린 채 눈을 부라리는데 그중 하나는 입을 크게 벌려 으르렁거리며 상대를 위협하고 있다. 왕릉 수호의 직분에 충실한 표정이다.

명주군왕릉은 석물들과 한 세트로 소나무의 엄호를 받는 모양새다. 왼쪽과 오른쪽, 그리고 뒤쪽까지 키 큰 소나무들이 병풍처럼 막아 시선은 하늘과 서쪽 방향으로만 확장시킬 수 있다. 천년을 넘게 그 자리에 서서 구름과 비와 바람으로부터 세상 소식을 들어온 듯한 모습이다. 위안이라면 후손들이 능향제를 봉행하면서 흘린 세상 소식을 꼭꼭 쟁여두었다가 일 년 내내 반추할 수도 있겠거니 상상하는 것이다.

명주군왕릉은 3대에 걸쳐 왕호를 세습 받았다고 해서 지금도 삼왕리라고 불리는 곳에 있지만 당대의 위세가 세월을 관통해 이어지지는 못했다. 어떤 시절에는 폐허가 되어 사람들이 굴러다니는 석물을 주워 다른 용도로 사용하기도 했다. 모든 분묘가 그렇듯 명주군왕릉 역시 후손에 의해 관리되었다. 후손들이 목민관으로 강릉에 왔다가 수소문해 왕릉을 찾았다. 훼손된 봉분은 보토하거나 잔디를 심고, 묘역에는 계단을 쌓아 석물을 조성했다. 역사의 여러 시점에 개보수를 거치면서 현재에 이르렀다.

명주군왕은 왕릉이라는 제한된 공간에서 영면 중이지만 왕릉은 우리에게 1200년 전 왕권쟁투의 역사를 말해준다. 역사의 소용돌이가 이 호젓한 왕릉 속에 잠들어 있다는 사실이 신기해 자꾸만 능을 눈에 담게 된다.

고즈넉한 천년 고찰

굴산사지 · 한송사지 · 보현사

강릉에는 굴산사, 한송사, 보현사, 신복사, 등명사, 안국사, 염양사, 청학사, 용연사 등 유명 고찰이 있었지만 대부분 폐사되어 폐사지에 남아 있는 불교문화재로 당대의 사세를 짐작할 뿐이다. 강릉 사람들에게 고찰 이상의 의미로 남은 굴산사, 아름다운 불상이 모셔졌던 한송사, 현존하는 최고의 사찰인 보현사를 통해 강릉의 불교문화를 만나본다.

굴산사지

굴산사는 구정면 학산리에 있던 신라시대의 사찰로, 지금은 터만 남았다. 백두대간이 바람막이처럼 둘러쳐진 넓은 평원에 우뚝 솟은 당간지주가 당당했던 사찰의 위세를 말해준다. 우리나라에서 가장 규모가 큰 5.4미터 높이의 이 당간지주는 거칠게 쫀 정 자국을 각인처럼 새기고 있다. 석공은 큰 돌을 쪼는 일이 힘에 부쳤는지 비뚤게 새긴 정 자국을 다듬지 않고 설

경설경 마무리했다. 그래서 지주는 우락부락하고 덩치 좋은 것
이 퍽 남성적으로 보인다. 세월의 부침에 사찰도 잃고 당간도
잃었지만 천년을 오롯이 그 자리를 지키고 있는 당간지주는 굴
산사의 장구하고 장대한 역사를 말해주는 듯하다.

신라 말기는 즉위에 실패한 김주원이 명주군왕으로 봉해지
면서 그 후손이 지방호족으로서의 기반을 완전히 다져놓은 시
기였다.《조당집》에 의하면 승려 범일은 김주원의 후손으로 추
정되는 명주 도독 김공의 요청을 받고 굴산사에 주석했다. 이
때가 851년이었다. 그러나《삼국유사》에는 범일이 당나라 유
학 중 명주 출신의 승려를 만났는데 그의 청에 따라 굴산사를

굴산사지 당간지주.
우리나라에서 가장 규모가 큰 당간지주로,
과거 사찰의 위세를 말해준다.

지었다고 기록되어 있다. 그때가 847년이다. 서로 다른 두 기록으로 굴산사의 정확한 창건 배경과 시기에 대해서는 고증의 여지가 남게 되었다.

굴산사는 신라 말기에 형성된 아홉 개 선종의 산문 중 사굴산문(闍崛山門)의 본거지였다. 사굴산문의 개산조*인 범일은 입적할 때까지 40여 년을 이곳에 머물렀고 그의 법맥은 개청, 행적 등 고승들에게로 이어졌다. 굴산사에 주석한 범일은 제자들을 각 사찰에 보내 교세를 확장했는데 이때 굴산사의 영향력이 북으로는 고성, 남으로는 울진에까지 미쳤다고 한다.

굴산사가 언제 폐사되었는지는 알려진 바 없다. 신라시대 당간지주와 고려시대 양식을 보이는 승탑이 남아 있는 걸로 미루어 고려시대 이후 폐사된 것으로 추정한다.

굴산사는 '병자년 포락'이라고 부르는 1936년 대홍수 때 일부 건물지와 기와 조각이 발견되어 그 존재가 알려졌다. 이후 지표조사와 긴급발굴조사를 통해 명문기와, 비석 조각, 막새, 청자 조각, 토기 조각 등을 수습하거나 출토했다. 태풍 루사가 강릉을 휩쓴 2002년에는 사역이 유실되면서 주춧돌과 축대, 기와 조각 등의 유구와 유물이 드러나 또 한 차례 긴급수습발굴조사가 이루어졌다. 천년 전 성창했던 사찰의 역사를 당간지주 혼자 감당하는 것이 안타까웠는지 자연의 위력을 빌려 제 모습

---

* 불교의 종파를 처음 연 시조 승려.

의 일부를 보여준 것이다. 2016년 완료된 굴산사지 발굴조사 결과에 따라 향후 사지의 성격 규명과 역사적 가치를 반영한 정비가 이루어질 것 같다.

강릉 사람들에게 굴산사는 단순한 신라시대 고찰이 아니고 범일 역시 사굴산문의 개창자로 머무르지 않는다. 경문왕, 헌강왕, 정강왕으로부터 국사로 초빙되었으나 거절한 범일을 굳이 국사로 지칭해 특별히 생각해온 것은 강릉단오제의 주신이라고 믿기 때문이다. 굴산사지 부근에는 대관령국사서낭인 범일의 탄생설화와 관련된 석천과 학바위가 있어 이러한 믿음을 뒷받침한다. 굴산사지는 강릉의 오래된 사찰 터이자 최고 서낭신의 탄생처로서 역사의 한 지점을 고수하고 있다.

한송사지

강릉 남항진 공군 제18전투비행단 출입문 오른쪽 소나무 숲 속에 한송사 터가 있다. 강릉에서는 바다와 가장 가까이 위치한 절터다. 설화에 따르면 동해로부터 문수보살과 보현보살이 이곳에 닿아 사찰을 창건했다고 한다. 이 설화와 연결되는 기록이, 두 석상이 땅속에서 솟아 나왔다고 쓰여진 이곡의 〈동유기〉다. 한송사는 문수사라고도 불린다.

신라시대에 세워졌다는 한송사는 간데없고 암자 하나와 옥개석이나 불상의 좌대로 보이는 마모된 석물 정도가 남아 있던 폐사지에서 매우 특별한 불상이 발견되었다. 문수보살과 보현보살로 보이는 두 기의 불상이 그것이다.

발견된 불상들은 흰색 대리석으로 만들어졌다. 우리나라 불교미술품 가운데 불상을 대리석으로 조성한 예는 극히 드물다. 석제 불상은 대부분 화강암으로 조성되었다. 매끈한 몸매의 이 불상들은 조각수법이 활달하고 아름다워 국가문화재로 지정되었다.

국보 제124호로 지정된 한송사지 석조보살좌상은 둥근 얼굴에 원통형 보관을 쓰고 있다. 오른손에는 연꽃을 들고 왼손은 검지를 곧게 편 수인을 취하고 있다. 이마에는 커다란 백호 자리와 그 안에 박혔던 수정 일부가 남아 있다. 이 불상은 1912년 일본으로 밀반출되었다가 1965년 한일협정에 따라 반환되었다. 그 후 국립중앙박물관에 소장되었다가 2002년 국립춘천박물관이 개관하면서 자리를 옮겨 그곳에서 상설전시 중이다. 이와 비슷한 형태로 강릉 신복사지 석조보살좌상과 평창 월정사 석조보살좌상이 있어 강릉 지역에서 유행했던 형식으로 본다.

이와 짝을 이루는 보물 제81호 한송사지 석조보살좌상은 머리와 오른쪽 팔이 사라진 상태로 발견되었다. 현재 오죽헌/시립박물관이 소장하고 있는 이 불상은 오른손의 일부가 무릎 위에 올려져 있고 왼손은 보주를 감싸고 있다. 왼쪽 다리를 안에 두고 오른쪽 다리를 밖으로 내놓았는데, 이는 국보 124호와 반대이다. 따라서 두 불상이 짝을 이루는 것으로 여겨져 본존불의 협시불로 보기도 한다.

비록 군사시설 안에 있어 일반인의 출입이 자유롭지 못한 폐사지지만, 강릉에 이처럼 아름다운 불상이 모셔진 사찰이 있었다는 사실이 놀랍다. 지역민들의 문화 수준이 그런 아름다운 불상을 만들어내는 힘이 되었을 것이다. 2019년 5월 한송사지 정밀발굴조사가 완료되었다. 법당지로 추정되는 건물지에서 층위가 다른 초석들이 확인되어 추가발굴조사가 진행될 것으로 보인다.

경포팔경 가운데 일경인 '한송모종'은 한송사의 저녁 종소리를 의미한다. 한송사에서 저녁 종소리가 들려오면 세상은 어둠의 이불 속으로 들어갈 채비를 했을 것이다. 사찰은 간데없지만 아름다운 두 보살상이 남아 당시의 영화를 알려준다.

보현사

보현사는 강릉에 현존하는 최고의 사찰로 대한불교 조계종 제4교구 월정사의 말사다. 성산면 보광리 마을을 지나 왼쪽 계곡을 따라 오르다 보면 오종종한 부도 20기가 열을 지어 반기는 곳에 보현사가 있다. 보현산 기슭에 자리잡은 이 사찰의 정확한 창건 시기는 알려지지 않았다. 신라 진덕여왕 4년(650년) 자장율사가 세웠다고 하나 확실하지 않고, 한참 뒤 굴산문의 개산조 범일의 법을 이은 낭원대사가 이곳에 지장선원을 열었다고 한다.

경내에는 국가지정문화재인 낭원대사탑비(보물 제192호)와 낭원대사탑(보물 제191호), 조선시대의 건물인 대웅전이 고색으로 남아 있어 사찰의 나이가 오래되었음을 알려준다. 낭원대사 탑비는 사찰의 역사만큼이나 위용이 당당하다. 용 네 마리가 여의주를 놓고 다투는 형상을 입체적으로 투각한 이수와 상륜부에 보주까지 그대로 남아 있어 탑비의 모습이 온전하다. 비문에는 낭원대사의 행적이 기록되어 있다.

보물 제191호로 지정되어 있는
보현사 낭원대사탑.

삼성각 뒤로 산죽이 바람에 스치는 소리만 가득한 산속 100여 미터 지점에 팔각원당형의 단아한 승탑이 있다. 낭원대사탑이다. 승탑의 팔각 몸돌 한 면에는 긴네모꼴의 문짝과 자물쇠가 돋을새김되어 있다. 자물쇠를 열고 들어가면 열반에 들었던 고 선사의 설법을 들을 수 있을까? 승탑에 이르는 산길은 호젓한데 승탑의 지붕돌에는 햇살과 바람이 한참을 앉았다 간다.

보현사의 창건설화는 한송사와 연관된다. 문수보살과 보현보살이 한송사를 창건할 때 보현보살이 한 절에 두 명의 보살이 있을 필요가 없으니 화살을 쏘아 떨어진 곳을 절터로 삼겠다며 활시위를 당겼다. 화살이 지금의 보현사 자리에 가서 떨어지자 보현보살이 표표히 한송사를 떠나 새로운 사찰을 지었다. 이 이야기에 조응하려는 듯 대웅전에서 동쪽으로 멀리 동해가 가뭇하다.

같은 시기에 창건된 한송사와 보현사는 역사의 무게를 견디는 맷집이 달랐는지 보현사만이 천년 역사의 흔적을 간직한 채 오늘에 이르렀다.

강릉 유일의 국보, 삼문이 돋보이는 객사

임영관

객사란 고려시대부터 조선시대까지 각 고을에 두었던 지방관아의 하나다. 주요 기능은 매달 초하루와 보름에 임금이 계신 궁궐을 향해 망궐례를 행하는 것과 중앙에서 파견된 관리나 사신들이 묵을 숙소로 제공되는 것이었다.

강릉 객사는 고려 태조 19년(936년)에 지어졌다. 총 83칸의 건물로 임영관이라 이름 붙였다. 임영관은 일제강점기 때 강릉 공립보통학교가 들어서면서 헐렸고 그 자리에 1976년 강릉경찰서가 들어서기도 했다. 1993년 경찰서가 철거된 이후 빈터로 있다가 1993년 강릉시청사를 짓기 위한 신축 기공식을 끝내고 관상수를 옮겨 심던 중 건물 유구가 노출되었다. 1998년 정식으로 발굴조사를 실시했고 그 결과 건물 유구가 양호한 상태로 확인되어 2006년 전대청, 중대청, 동대청, 서헌 등이 복원되었다. 평소 관람공간으로 개방되는 임영관은 강릉의 큰 행사 때 문화공간으로 활용하기도 한다.

임영관이 이렇게 변해가는 중에도 옛 모습을 고수해온 건물이 있으니, 건축된 이후 단 한 번도 움직이지 않고 줄곧 그 자리를 지켜온 임영관 삼문이다. 강릉에는 강원도 문화재의 25퍼센트가 모여 있다. 국가 및 도지정 문화재 130개가 산재해 있고 선사 유적도 많아 전 지역이 유적지다. 그중 임영관 삼문이 특별한 이유는 현재 강릉에 남아 있는 유일한 국보이기 때문이다.

우리나라에 현존하는 고려시대 유수 목조 건축물로는 네곳을 꼽는다. 봉정사 극락전, 부석사 무량수전, 수덕사 대웅전, 그리고 강릉 임영관 삼문이 여기에 포함된다. 앞의 세 곳이 사찰 건물인 것과 달리 임영관 삼문은 관청 건물이다.

임영관 삼문에는 '임영관(臨瀛館)'이라고 큰 글씨로 쓴 편액이 걸려 있었다. 편액 글씨는 공민왕이 낙산사로 거둥을 나왔다가 큰비를 만나자 강릉에서 열흘간 머물렀는데 그때 썼다고 전해진다. 임영관이 복원되면서 전대청으로 옮겼다.

임영관 삼문은 간결하고 담박하면서도 세련된 고려시대 건축의 특징을 잘 보여주어 국보 제51호로 지정되었다. 정면 세칸 측면 두 칸의 주심포양식 맞배지붕 건물로, 기둥은 배흘림양식이다. 가운데 부분이 유독 더 볼록해 현존하는 건물 가운데 배흘림의 정도가 가장 두드러진다는 평가를 받는다.

임영관 삼문을 들어서면 먼저 중대청이 보인다. 중대청이 어떤 용도로 사용되었는지는 정확히 알려지지 않았다. 중대청

뒤에는 임영관의 중심건물인 전대청이 있다. 전대청은 양쪽으로 동대청과 서헌을 호위병처럼 거느렸다. 이곳에서는 임금으로부터 지방 통치를 일임받은 지방관이 대궐을 향해 예를 올렸다. 상공에서 보면 임영관 삼문, 전대청, 중대청이 마치 '앞으로

공민왕이 썼다고 전해지는 임영관 편액 글씨(위)와
국보로 지정된 임영관 삼문(아래).

나란히'를 한 듯 축이 고르다.

임영관 뒤쪽 어디쯤에는 태조의 어진을 봉안한 집경전이 있었다고 한다. 임진왜란이 일어나자 경주에 모셨던 어진을 강릉으로 옮겨 왔는데 1631년 집경전에 화재가 나 전소되고 말았다. 망극지통한 인조대왕은 3일 동안 곡을 하고 위안제를 올리도록 지시했다. 그 후 집경전을 중건하자는 논의가 있었으나 성사되지는 못했다.

국보라는 무게감 때문인지 임영관 삼문을 보는 사람들의 시선은 숭고하다. 삼문은 단지 서 있을 뿐인데 멀리서 달려온 사람들은 삼문을 이리 뜯어보고 저리 만져본다. 삼문에 사용된 양식과 조형성을 구석구석 체크하고 각자의 견해를 조심스럽게 드러내기도 한다. 그 무엇보다도 강릉을 오래 보아온 강릉의 역사 그 자체지만 목재의 한계 때문에 세월을 앓아온 흔적이 삼문 여기저기 교체된 부재에서 읽힌다. 보수용 부재의 현대화를 탓하는 소리도 들리지만, 여기저기 병든 곳을 현대 의학으로 치료받아온 상흔은 훈장이나 진배없다.

시민을 위한 문화공간으로 거듭난
강릉대도호부 관아

강릉은 고려시대부터 조선시대까지 동원경, 하서부, 명주도독부, 명주목, 강릉대도호부 등의 명칭으로 불렸다. 강릉대도호부는 고려 공양왕 1년(1389년)에 강릉부에서 승격한 이름으로 임영이라는 별칭도 갖고 있다. 안동, 영흥, 영변, 창원과 같은 대도호부로 영동지방을 총괄하는 도시로서의 역할을 담당했다. 조선시대 내내 대도호부의 자격이 지속되지는 못했다. 불미스러운 사건에 연루된 자가 있었다는 이유로 현으로 강등되기도 하고 다시 승격되기도 하는 부침을 겪었다. 그래도 강릉은 영동지방의 정치, 행정, 문화, 군사의 중심지였다.

치소(治所)●가 있던 읍성 역시 시대에 따라 조금씩 다른 곳에 위치했다. 고대 예국고성은 옥천동 일대, 통일신라시대의

● 어떤 지역의 행정 사무를 맡아 보는 기관이 있는 곳.

명주성은 성산면 금산리 일대에 있었고, 고려시대부터 조선시대까지의 강릉읍성은 명주동과 성내동, 용강동 일대에 있었다. 강릉읍성 안에 자리했던 관아는 일제강점기 때 대부분 헐려 원래 모습을 잃었다. 남은 유적은 임영관 삼문과 칠사당뿐이었다.

관아의 출입문에는 '강릉대도호부 관아'라고 단정하게 쓴 현판이 걸려 있다. 대도호부 관아는 집합체로서의 개념인데 떡하니 대문 현판으로 걸었다. 구체적이고 직설적인 화법으로 공간의 정체성을 알려주려는 의도에서 그렇게 한 것 같다.

강릉대도호부 관아에는 수령이 정사를 살피던 칠사당, 일반 행정 업무와 재판 등의 일을 보던 동헌, 수령의 생활공간인 내아, 망궐례를 행하고 사신이나 중앙관리들이 숙소로 쓰던 객사(임영관), 지방 양반들이 수령의 업무를 자문하고 보좌하던 향청, 향리들의 집무소인 작청을 비롯해 의운루, 성황사, 창고, 옥사 등의 건물이 있었다고 한다. 보통 관아라고 하면 지방관이 정무를 보는 외아와 수령을 포함한 가솔들의 생활공간인 내아로 구분된다. 강릉대도호부 관아는 내아와 외아의 하부구조가 확실하게 남아 있지 않아 동헌만 복원되었다.

칠사당에서 지방관은 향촌의 정사를 돌보았다. 농업, 인구, 교육, 재판, 군정, 세금, 풍속교화 등 일곱 가지 업무를 보는 곳이라고 해서 '칠사'라는 이름이 붙었다. 정면 왼쪽에 높은 마루가 있는 정면 7칸 측면 4칸의 ㄱ자형 건물이다. 뒤로는 구름이 기댄 누각 의운루가 있다. 그 곁에서 모란을 타고 올라간 박주

가리가 여기저기 열매를 걸어놓고 바람에 씨앗을 날려 보낼 때를 기다린다.

관아라고 하면 고리타분한 옛 건물을 복원해놓은 공간으로 생각하는 사람이 많다. 그러나 강릉대도호부 관아는 박제된 관공서가 아니다. 전통시대 관서로서의 상징성 때문에 복원되었지만 옛 모습 그대로 복원되지는 못하는 것처럼 기능 역시 과거로 되돌릴 수 없다. 강릉의 치소였던 관아는 역사 속에 묻히고 문화공간으로 탈바꿈한 관아가 시민들을 맞는다. 도심 복판에 이 정도의 문화공간을 마련하기는 쉬운 일이 아니다. 임영관지와 구 강릉시청사가 있던 자리여서 가능했다.

전체적으로 보면 도시공원 같은 느낌이 들지만 관아로 복원되었기 때문에 건물 중심의 공간이 되어 아기자기한 맛은 덜하다. 그러나 강릉 관아에서는 종종 대규모 문화행사가 열려 제 역할을 톡톡히 해낸다. 정치 · 행정 · 경제 · 군사 관련 업무가 아닌 문화행사, 예컨대 독서대전, 야행, 명주인형제, 강릉부사납시오공연, 청춘경로회, 도배, 명주 프리마켓, 문탠투어 등이 열린다. 넉넉한 공간이라고 할 수는 없지만 도심이고 접근성이 좋아 크고 작은 행사의 개최지로 자주 활용된다.

전통시대 공립 중등학교

강릉향교

'학문을 숭상한다. 다박머리 때부터 책을 끼고 스승을 따른다. 글 읽는 소리가 마을에 가득하였다. 게으름을 피우는 자는 여럿이 함께 내쫓고 벌을 주었다.'《신증동국여지승람》의 강릉대도호부 풍속조를 비롯해 강릉에 학문을 숭상하는 사람이 많다는 기록은 여러 곳에서 찾을 수 있다. 강릉이 '문향'의 도시로 일컬어졌던 바탕에는 학문을 게을리하지 않던 풍속이 있었다. 학문은 평생을 연마하는 것이지만 관학이든 사학이든 시스템을 갖춘 곳에 소속되어 규율에 따르는 것이 통례였다.

강릉 교육의 중추적 기능을 담당했던 강릉향교는 지금의 교동 명륜고등학교 옆 화부산 자락에 자리한다. 창건 시기는 확실하지 않으나 고려 말기에 지은 것으로 알려졌다. 그 뒤 소실된 것을 고려 1313년 강릉도 안렴사 김승인이 화부산 연적암 아래에 설립했는데 이 또한 조선 태종 11년(1411년)에 불타

버렸다. 그러자 이태 후 강릉대도호부 판관 이맹상을 비롯해 김지, 최치운 등 강릉 유생 68명이 발의해 중건했다. 이후 강릉 향교는 여러 차례 중수를 거치면서 강릉지방의 중등교육을 담당해왔다.

조선시대 지방 유생들은 서당 과정이 끝나면 공립교육기관인 향교나 사립교육기관인 서원에 들어가 중등교육을 받았다. 사마시*에 응시해 합격하면 진사와 생원이 되어 성균관에 진학할 자격이 주어졌다. 유생의 최고 목표는 문과에 합격하는 것이었다. 조선 양반들이 평생 학문에 정진했던 것은 학문을 통해 선비로서의 소양을 기르는 것 못지않게 관리로서 경세제민할 기회를 얻고자 함이었다.

향교는 제향과 강학의 기능을 수행하던 곳이다. 따라서 향교에서 가장 주요한 건물은 대성전과 명륜당이다. 강릉향교의 건물 배치는 전학후묘의 구조다. 제향 공간인 대성전이 화부산 자락에 있고 그 앞쪽에 강학 공간인 명륜당이 있다.

공자와 4성, 공문 10철, 송조 6현을 모신 대성전 양쪽에는 중국과 우리나라 현인들의 위패를 모신 동무와 서무가 있다. 세 공간에는 중국과 우리나라 명현 136위가 봉안되어 있는데 그 수가 유교의 종주국인 중국보다 많다고 한다. 성현의 삶과 가르침을 따르려는 유학자들이 경모의 자세로 석전대제를 봉

● 과거시험에서 생원과 진사를 뽑던 소과를 의미함.

행해온 대성전에서는 지금도 일 년에 두 번 2월과 8월 초정일에 석전대제를 거행한다.

대성전은 뒤로 화부산, 좌우로 동무와 서무, 앞은 동무와 서무를 연결하는 회랑으로 둘러싸여 있다. 전랑을 지나 계단을 내려오면 강학 공간으로 이어진다. 양쪽으로 교생들의 기숙사인 동재와 서재가 있고 정면에 긴 네모꼴의 명륜당이 있다.

고려시대부터 조선시대까지 지방 유학과 교육의 중심 역할을 하던 강릉향교는 1894년 갑오경장 때 과거제도가 폐지되면서 그 기능이 중단되기도 했다. 개화기 강릉에는 강원도 최초의 사립학교인 우양학교(1906년 위촌리)가 설립되었고, 동진학교(1908년 선교장), 화산학교, 초당노동야학(1927년 초당) 등이 운영되었다. 이 가운데 1909년 강릉향교에서 설립한 근대식 학교가 화산학교다. 화산학교를 시작으로 강릉향교는 시대의 조류에 따라 학교들의 개교와 폐교를 거듭했다. 화산학교가 설립 1년 만에 폐교한 후에는 양잠전습소를 운영했다.

향교에서 개교한 모든 학교의 수명이 짧았던 것은 아니다. 1928년 개교한 강릉공립농업학교와 1938년 개교한 강릉공립상업학교는 각각 강릉중앙고등학교와 강릉제일고등학교의 전신이다. 1940년에는 강릉여자고등학교의 전신인 강릉공립고등여학교를 개교하고 1943년에는 옥천초등학교를 개교했다. 이후 1949년 강릉명륜중학교, 1963년 강릉명륜고등학교, 1964년 율곡의숙도 명륜당에서 개교했다. 짧은 기간 내에 폐교된 것도 있지만, 강릉향교에서 개교한 여러 학교들이 강릉시 전역으로 이교해 현재에 이르고 있다.

당시 이교 장면을 담은 사진이 남아 그 모습을 들여다볼 수 있다. 사진 속에는 강릉향교 명륜당에서 들고 나온 책걸상을 옥천동 교사로 옮기기 위해 남대천 물둑을 지나가는 1941년 강릉공립고등여학교 학생들의 모습이 담겨 있다. 강릉향교가 명실상부 강릉 교육의 요람이었음을 보여준다.

전국의 웬만한 도시에는 향교가 남아 있다. 강원도만 해도 각 시군에 향교가 있다. 하지만 나주향교, 장수향교와 함께 우리나라 3대 향교로 일컬어지는 강릉향교만의 특징은 우리나라에서 가장 오랜 역사와 전통을 지켜왔고 전통시대 향교의 모습을 원형 그대로 보존하고 있다는 것이다. 해방 후 성균관에서 지방 향교의 배향 대상을 간소화하는 준칙을 마련해 공자 등 다섯 성현과 우리나라 18성현을 배향하도록 했지만 강릉향교는 이를 따르지 않고 옛 방식을 고집했다. 그런 까닭에 건축양식뿐만 아니라 그 안에 담긴 내용과 정신이 고스란히 오늘까지 이어졌다. 현재도 그 전통을 이어 석전대제와 분향례 등의 제향의례를 봉행하며 전통문화, 예절, 서예, 사서삼경 등의 교육 프로그램을 함께 운영하고 있다.

강릉향교는 1963년 제향 공간인 대성전이 보물 제214호로 지정되었고, 1985년에는 명륜당을 포함한 모든 공간이 강원도 유형문화재 제99호로 지정되었다. 대성전은 국가지정문화재이고 강릉향교는 지방문화재다. 문화재의 가치를 지정 종별에 따라 이해하는 태도는 바람직하지 않지만 제향과 강학이라는 양대 기능을 수행하던 공간인 만큼 전체가 동일한 문화재로 지정되어도 문제 될 게 없었을 것 같다는 생각이 든다.

공자와 이이를 배향한 사립 교육기관

오봉서원·송담서원

　　　　　　　　서원은 조선시대 지방의 사립교육기관
이다. 옛 성현을 제향하고 강학과 지방 풍속을 진작한다는 점
에서 향교와 다르지 않다. 강릉에는 오봉서원, 송담서원, 신석
서원, 퇴곡서원이 있었다. 강원도 전체에 13개 서원이 있었는
데 그중 4곳이 강릉에 있었으니 수적으로 단연 앞선다. 특히 오
봉서원은 강원도에서 가장 먼저 건립된 곳으로 강릉이 문풍 진
작에 남달랐음을 말해준다.

　신석서원은 조선시대 문신인 남구만(1629~1711)을 제향한
약천사를, 퇴곡서원은 조선시대 성리학자이자 강릉부사를 지
낸 정경세(1563~1633)를 제향한 우복사를 지칭한다. 제향과 강
학이라는 서원의 복합적 기능보다는 사우로서의 비중이 더 컸
던 두 서원은 현존하지 않고 기록으로만 전한다.

오봉서원

성산에서 왕산 방향으로 오봉저수지를 끼고 가는 길 오른쪽, 오봉산 자락 아래 세워진 오봉서원은 강원도에서 가장 먼저 건립되었다. 강릉부사를 지냈던 함헌이 최운우, 최운원 등과 함께 강릉부사 홍춘년과 강원도 관찰사 윤인서의 협조를 받아 1556년에 건립했다. 우리나라 최초의 서원인 백운동서원이 1543년에 세워졌으니 제법 이른 시기에 세워진 셈이다.

공자의 고향은 구산인데 현재 오봉서원이 자리하고 있는 지역명 역시 구산이다. 공자가 태어난 곡부에 니구산이 있었는데 공자의 부모가 그곳에서 치성을 드려 공자를 낳았으므로 이름을 '구(丘)'라고 지었다. 이황과 인연이 있었던 함헌이 그에게 글을 받고자 하니 이런 시문을 보내왔다.

예부터 임영에는 인재가 많아
구산 맑은 골에 배움의 터를 열었네.
그림 보니 서원을 칭한 아름다운 이름 알겠고
병으로 학문을 펴지 못하는 내가 부끄럽네.
(하략)

퇴계의 시를 통해 구산이라는 지명이 당시에 이미 존재했음을 알 수 있다. 함헌이 서원 터로 구산을 선택한 이유 역시 공자의 고향과 이름이 같았기 때문으로 보인다.

오봉서원은 공자와 주자, 송시열을 배향한 곳이다. 공자를 배향하는 서원은 극히 드문데, 오봉서원은 강원지방에서는 유일하게 공자의 진영을 봉안했다. 함헌이 동지사*의 서장관** 으로 중국에 갔을 때 당나라의 오도자***가 그린 공자의 진영을 구해 온 것이다. 오봉서원에 강릉과 아무런 연고도 없는 송시열을 배향한 사실도 특별하다. 송시열은 조선 후기 정치계를 주도한 노론의 영수다. 송시열을 배향했다는 것은 당시 강릉 유학의 판도를 보여주는데, 강릉에서도 역시 노론계가 득세했음을 알 수 있다.

오봉서원은 사액서원이 아니었지만 숙종 7년(1681년)에 위전 3결과 모속인 20명을 하사받았다. 공자의 진영을 모시는 곳으로써 사액서원의 예우를 받은 것이다. 그러나 1868년 흥선대원군이 실시한 서원 철폐령으로 훼철되기에 이르렀다. 공자 진영은 향교로 옮겨졌고 주자와 송시열 영정은 각각 연천 임장서원과 그 후손에게 넘겨졌다. 지금의 서원은 1902년 설단을 설치하면서 건물들이 하나둘 들어선 것이다. 현재 집성사, 칠봉사, 오봉강당 등의 건물이 있으며 공자, 주자, 송시열, 함헌 등을 제향한다. 함헌은 사원 훼철 이후 그 후손들에 의해 모셔졌다. 매년 음력 9월 초정일에 강릉 유림들이 다례를 봉행한다.

* 조선시대 동지에 명나라와 청나라에 파견되던 사절 또는 사신. 동지를 전후해 보내기 때문에 동지사라고 함.
** 조선시대 중국에 파견된 사행 중 정관으로 외교 실무에 큰 역할을 담당함.
*** 중국 당나라 때의 화가, 이름은 오도현.

송담서원

송담서원은 이이를 배향한 곳이다. 만덕봉의 물줄기가 흐르는 아름다운 계곡 단경골 아래 자리하고 있다. '송담'은 언별리의 옛 지명인 송계리와 이이가 제자들을 가르치던 황해도 해주의 석담서원에서 각각 한자씩 따서 지었다고 한다.

강릉에서 태어나고 살아생전 강릉을 무시로 오갔던 이이를 추모하기 위한 서원이 강릉에 건립된 것은 어색한 일이 아니다. 이이 사후 강릉의 유림들은 공론을 모아 율곡의 학문과 덕행을 추모하기 위한 석천묘를 건립한다. 1630년 강릉시 구정면 왕고개에 건립된 석천묘는 30여 년이 지난 뒤 지금의 자리로 옮겨져 송담서원으로 이름이 바뀌었다.

송담서원이 자리한 언별리(彦別里)라는 지명에는 '선비들이 떠난 마을'이라는 뜻이 담겨 있다. 1804년 동해안에 대형 산불이 발생해 삼척, 강릉, 양양, 간성, 고성, 통천 등에서 인명과 재산 피해를 크게 입었다고 한다. 송담서원도 화마에 휩싸여 간신히 묘우만 남기고 모두 불타버렸다. 그때 거처할 곳 없던 유생들이 대부분 서원을 떠나면서 언별리라는 이름이 생긴 듯하다. 언별리는 송담서원이 생긴 이후의 지명임이 분명하다.

송담서원은 현종 1년(1660년)에 사액되어 국가로부터 위토 3결과 모속인 20명을 하사받았다. 한때는 묘우 6칸, 월랑 7칸, 동재 3칸, 서재 3칸, 강당 10칸, 광제루 3칸, 서책고 3칸을 갖춘 규모 큰 서원이었지만 지금은 송담사, 강당, 동재, 서재, 삼문

정도가 남아 있다. 서원에는 사임당의 초충도 병풍과 막내아들 이우의 글씨가 보관되어 있었다고 한다. 서원이 화재로 불타던 와중에도 사임당 그림만은 소실을 면해 현재 오죽헌/시립박물관에 보관 중이다.

송담서원에서는 매년 음력 2월 중정일(中丁日)*에 다례제를 개최한다. 해마다 조금씩 다르지만 다례제 봉행 때 뒷산에는 벚꽃이 흐드러지게 핀다. 소나무와 왕벚나무가 둘러쳐진 낮은 산 앞의 묘우 안에서는 삼헌관이 제례 절차에 따라 의식을 봉행한다. 강릉향교의 유림과 송담서원보존회가 주관하는 다례제에는 헌관 및 제집사, 유림들이 제례복 및 유건도포 차림으로 참가한다. 소담스럽게 진설된 다례상 뒤로는 영인본 사임당 초충도 병풍이 둘러져 있는데 한때 송담서원에 보관되었던 초충도의 내력을 말해주는 듯하다.

늘어난 인구만큼이나 공교육 및 사교육 기관이 넘쳐나니 서원의 효용가치는 오래전 상실되었다. 대부분의 서원이 그렇듯 송담서원 역시 교육을 위한 별도의 프로그램은 없다. 제향과 강학의 기능을 함께 수행했던 예전과 달리 제향만 이루어지고 있는 서원은 평소 참새들의 놀이터가 되고 바람의 쉼터가 된다.

● 십간 중 두 번째 정일. 한 달에 오는 세 번의 정일(상정일, 중정일, 하정일) 가운데 두 번째 정일.

선비들의 풍류가 녹아 있는 누정

경포대·해운정·호해정

누정(樓亭, 누각과 정자)은 자연경관이 좋은 곳, 주위 경관을 조망하기 좋은 산이나 언덕 또는 호수와 바다 같은 물가에 짓는다. 따라서 바깥에서 누정 건물을 보는 것이 아니라 누정 안에서 바깥 풍경을 보는 것이 누정을 대하는 바른 태도다.

경치가 아름답기로 유명한 관동팔경에는 반드시 누정이 있는데, 누정 자체보다 그곳에서 바라보는 풍경에 감탄하게 된다. 사실 누정은 단출하고 군살 없는 건물이 많다. 건축적인 면보다는 주위 경관과의 조화를 고려해 지어지기 때문이다.

조선의 선비들은 학문을 닦는 것 못지않게 자연과 함께 심성을 도야하는 것을 중요한 가치로 여겼다. 그래서 산중에 초옥을 짓고 살거나 눈 내린 강가에 홀로 낚싯대를 드리우며 사는 은일한 삶을 동경해 그림으로 감상하기도 했다. 누정 역시 자연을 중요하게 생각한다는 점에서 서로 통하는 부분이 있다.

누정은 아름다운 산수를 감상하려는 목적과 함께 풍류의 공간, 강론의 공간, 시회의 공간, 토론의 공간으로 이용되었다. 강릉에는 수십 개의 누정이 있었다. 자연경관으로 선비들에게 사랑받았던 경포 호수는 누정들로 에워싸이다시피 했다. 경포대, 금란정, 방해정, 해운정, 활래정, 상영정, 호해정, 창랑정, 경호정, 석란정, 취영정, 월파정, 천하정 등이 호수 주변으로 늘어서 있었다.

경포대

관동팔경 가운데 하나인 경포대는 경포호 북쪽 언덕 위에 위치한 누대다. 정면 5칸 측면 5칸의 팔작지붕 건물로, 누정으로는 규모가 큰 편에 속한다. 원래는 1326년 강원도 안렴사 박숙정이 방해정 뒷산 인월사 터에 창건했는데 1508년 강릉부사 한급이 지금의 자리로 옮겨 지었다고 한다. 현재의 건물은 1745년 강릉부사 조하망에 의해 중건되었다.

강릉 경포대는 신라 화랑이 명산대천을 유람할 때 방문하면서 유명해졌다. 고려와 조선시대에도 줄곧 사람들의 방문이 이어졌는데 이는 명승고적 탐방에 대한 열망과 함께 산수유람에 대한 로망이 서로 통했기 때문이다.

경포대에서는 경포호가 한눈에 들어온다. 호수 곁에 누정이 있는 것이 아니라 누정이 경포를 제집 안으로 들여놓은 모양새다. 누정 이름을 쓴 현판은 두 종류가 있다. 해서체 현판은 조선 헌종 때 이익회가 쓴 것이고, 전서체 현판은 서예가 유한지가 쓴 것이다. '제일강산(第一江山)' 현판은 중국 북송의 서예가인 미불의 글씨 '제일산'과 누구의 글씨인지 알려지지 않은 '강'자가 쓰여 있다. 숙종의 시와 율곡의 〈경포대부〉 등 많은 문인의 시문들이 함께 걸려 있어 유명했던 누정의 역사를 대변한다.

해운정

경포대가 관청 소속 건물이라면 해운정은 개인 소유 누정이다. 경포대에서 서쪽으로 1킬로미터 남짓 떨어진 곳에 판서 심언광이 건립했다.

어촌 심언광은 1487년 강릉에서 태어났다. 김안로를 천거한 일로 관직을 삭탈 당하자 1537년 강릉으로 낙향해 해운정을 짓고 은거했다. 사후 140여 년이 지나 신원이 회복되었지만 그의 생애나 문학에 대한 평가는 제대로 이루어지지 못했다. 어촌은 문장이 뛰어나 850여 수의 한시를 남겼는데 그의 시문집《어촌집》을 통해 그 면모를 살펴볼 수 있다. 이 문집은 1889년에 와서야 비로소 발간될 수 있었다.

해운정에는 명나라 사신 공용경을 비롯해 이이, 송시열, 김창흡, 심순택, 이헌위, 윤봉구, 채지홍, 이민서, 송익필 등 유명한 역사인물들이 지은 시 40수가 새겨진 현판이 걸려 있다. 또한《해운정역방록》이라는 방명록에는 많은 인물이 다녀간 흔적이 고스란히 남아 있다.

어촌은 1537년 명나라 사신 공용경과 오희맹이 황세자의 탄생을 알리러 조선에 왔을 때 관반사로서 그들을 접대한 일이 있다. 그때 경포대와 경포호의 빼어난 경관을 설명하며 시를 부탁했다. 공용경과 오희맹은 각각 '경호어촌(鏡湖漁村)'과 '해운소정(海雲小亭)'이라는 대자 글씨를 써주었는데 그 편액이 전한다.

해운정은 어촌 심언광과 그 후손들의 인적 관계망을 확인할 수 있는 자료이고, 조선 전기 건축의 특징을 살필 수 있는 건물이다. 특히 강릉에서는 오죽헌과 함께 익공양식을 보여주는 중요한 건축물이다.

조선 전기 건축의 특징을
보여주는 해운정.

호해정

집이 호숫가에 담백하게 머물러 있다고 표현한《동호승람》의 기록대로라면 호해정은 경포호 가까이에 건립되었던 정자로, 경포 호수의 한쪽 경계가 어디까지였는지 알 수 있게 해준다. 그러나 지금은 경포호로부터 제법 떨어진 곳에 있어 일부러 찾아가지 않으면 그곳에 정자가 있는지도 알 수 없다. 산과 아파트, 상가들이 시야를 가려 호해정에서 경포 호수를 조망하기도 쉽지 않다.

호해정은 김창흡과 관련 있는 정자다. 김창흡은 좌의정을 지낸 김상헌의 증손이자 영의정을 지낸 김수항의 셋째 아들로, 김창집과 김창협이 그의 형이다. 내로라하는 벌열 계층으로 1673년 진사시에 합격했으나 벼슬에 나아가지 않았고, 1689년 기사환국 때 아버지가 사사되자 은거의 삶을 택했다. 1718년 강릉에 오게 된 김창흡이 경포의 승경에 매료되자, 신성하는 호해정 터에 초옥을 지어 그가 거처할 수 있도록 배려했다. 김창흡은 이 초옥에 일 년 정도 머물며 강릉 유림과 동학들에게 학문을 강론하며 세월을 보냈다. 김창흡의 정취가 배인 초옥이 1750년에 소실되자 신정복이 누각을 다시 건립했고, 1834년 김몽호의 후손들이 정자를 인수해 관리했다.

호해정은 온돌방과 마루방으로 구성되었으며 그 사이에 분합문이 있어 한 공간으로 사용할 수도 있다. 우아한 원필세가 돋보이는 초서 글씨 현판과 단정한 해서체 현판이 걸려 있다.

　　김홍도의 작품으로 추정되는 〈해동명산도〉 화첩에는 경포
대와 함께 호해정을 사생한 그림이 실려 있는데 호해정이 경포
대만큼 유명했음을 말해준다. 이 화첩은 1788년 정조의 어명을
받은 김홍도가 50여 일간 금강산과 관동지방을 유람하며 그림
을 그려 진상했던 봉명사경(奉命寫景)과 관련된 초본첩이다. 화
첩에 실린 호해정은 물가의 둔덕 위에 세워졌고 그 앞 호수에
는 거룻배가 떠 있다. 풍경을 사생한 그림이므로 실제 모습에
가까웠을 것으로 보인다. 한 장의 그림이 수백, 수천 자로도 설
명해내지 못하는 정보를 간명하게 보여준다.

우리나라에서 가장 오래된 차 유적지

한송정

일찍이 여러 문인들이 강릉의 아름다움을 상찬했다. 조선 전기의 학자 서거정은 '우리나라 산수는 관동이 으뜸이고, 관동에서도 강릉이 제일'이라고 했다. 다른 사람들의 글을 빌려 강릉 최고의 명승지로 경포대, 한송정, 석조, 석지, 문수대를 언급했다.

한송정이 명승지로 이름을 얻은 계기는 경포대와 마찬가지로 신라 화랑의 명산대천 순례다. 그 이후 역사시대 내내 한송정을 찾는 발길이 이어졌고, 관리들도 부임하면 말과 수레를 타고 한송정을 찾았다. 강릉에 출장 온 관원들 역시 이곳에 들렀다. 사람들이 너무 많이 몰려들자 마을 사람들은 "한송정은 언제 호랑이가 와서 물어갈꼬?"라며 불편을 토로했고, 관원을 쫓아다니며 시중들던 관리들도 피곤해했다.

최고의 명승지에다 방문객도 많았던 한송정은 시문의 좋은 소재가 되기도 했다. 중국 강남까지 떠밀려간 비파 바닥에 한송정 돌샘.
이 물을 받아 찻물로 썼다고 한다.

도란도란 앉아 차 한 잔 마시기에 좋은
정자가 새로 세워졌다.

글이 쓰여져 있는데 아무도 그 뜻을 몰랐다. 고려 사람 장진산이 사신으로 갔다가 뜻을 풀어주었는데 〈한송정곡〉이라는 시가 바로 그 글이다. 한송정은 〈한송정곡〉을 비롯해 이인로, 이제현, 이곡, 김극기, 서거정, 이식, 송준길, 이유원 등 고려시대부터 조선시대까지 많은 문인에 의해 노래되었다. 규방 여성의 시에도 등장했다. 신사임당은 친정어머니에 대한 절절한 그리움을 노래하면서 고향의 대표 명승지인 한송정과 경포대를 시어로 사용했다.

한송정은 우리나라에 남아 있는 가장 오래된 차 유적지다. 신라 화랑 영랑이 차를 달여 마신 석지(石池)와 석조(石竈), 석정(石井)이 있었다 하고, 사신들이 차를 달여 마셨다는 기록도 남아 있다. 지금은 돌샘과 연단석구*, 복원된 석지조**가 있다. 초의선사는 《동다송》에서 차를 끓이는 물의 중요성을 언급하며 가볍고, 맑고, 차고, 부드럽고, 아름답고, 냄새가 없고, 비위에 맞고, 탈이 없어야 좋은 물이라고 했다. 초의선사가 말한 좋은 물에 부합하는지 알 수는 없으나 돌샘에서는 여전히 맑은 물이 솟아 나온다.

빗돌받침처럼 생긴 연단석구에는 '신라선인영랑연단석구(新羅仙人永郎鍊丹石臼)'라는 글자가 새겨져 있다. 강릉부사 윤

차를 만들 때 쓰는 돌절구.
차를 끓이는 데 쓰는 돌그릇으로, 찻그릇을 씻는 물 담는 부분과 불을 피워 찻물을 끓이는 화덕 부분으로 구분된다.

종의가 썼다고 전해진다. 그 옆에는 큼지막한 석지조가 놓여
있다. 순암법사가 한송정에 들렀다가 묘련사의 것과 비슷한 석
조를 보았다는 기록이 실린 이제현의 〈묘련사석지조기〉 내용
을 바탕으로 복원한 것이다.

시원한 해풍과 나른한 햇살을 고루 받으며 이름값을 해온
한송정이 무심한 얼굴로 '이곳이 그 유명한 차 유적지'라고 알
려준다. 그러나 현재 공군 제18전투비행단 영내에 있어 일반인
의 출입이 자유롭지 못해 아쉽다. 출입하려면 사전에 군부대의
허가를 받아야 하는데, 예외적으로 일 년에 단 하루 출입이 자
유로운 날이 있다. '한송정 헌다례와 들차회'가 열리는 날이다.

오죽헌/시립박물관이 주최하고 사단법인 강릉동포다도회
가 주관하는 '한송정 헌다례와 들차회'는 1997년 시작된 이래
특별한 일이 없는 한 매년 10월 초·중순께 열린다. 한송정을
방문했던 신라 화랑에 헌다하고, 참여한 모든 사람이 찻자리에
둘러앉아 차를 마시며 다담을 나눈다. 특정한 날 특별한 장소
에서 열리는 다문화 행사인 만큼 차를 대접하는 사람도, 대접
받는 사람도 특별한 경험을 나누게 된다.

아름다운 장원
선교장

일렁이는 호수와 청설모가 소나무 표
피를 긁어대는 소리로 평화로웠을 대저택, 선교장! 선교장은
안채, 별당, 사랑채, 행랑채, 정자 등을 고루 갖춘 조선시대의
전형적인 양반가 주택이다. 효령대군(조선 태종의 둘째 아들)의
11세손인 이내번이 이곳으로 이주해 지었다. 경포호가 지금보
다 세 배나 넓었을 때 배를 타고 건너다니던 마을인 배다리마
을(선교리)에 있다고 하여 '선교장'이라 불렀다.

선교장은 만석꾼이라는 말에 걸맞게 넓은 뜰과 외거노비와
소작농들이 거주했을 너른 터를 지나 낮은 산기슭에 위치해 있
다. 어머니 안동 권씨의 고향인 강릉에 옮겨와 살기 시작한 이
내번은 가산이 불자 좀 더 너른 터를 찾아다녔다. 그때 무리 지
어 움직이는 족제비를 보고 이상하게 생각해 그 뒤를 좇았는데
족제비가 멈춘 곳이 지금의 선교장 터였다. 주위를 둘러보니
지세도 좋고 자리도 명당이라 집터로 정했다. 이 때문에 집터

를 정해준 족제비에 대한 감사의 뜻으로 선교장 뒷산에 먹이를 갖다 놓는 풍습이 생겼다고 한다.

대저택답게 여러 채의 건물로 이루어진 선교장에서 가장 매력적인 공간을 꼽는다면 활래정을 들 수 있다. 인공연못 한쪽에 기둥을 세우고 지어 연못 위로 반쯤 떠 있는 모양이어서 더욱 아름답고 고풍스럽다. 겹처마의 팔작 기와지붕인 활래정은 1816년 오은거사 이후가 건립했고, 현재 건물은 그의 증손 이근우가 중건했다. 기둥과 처마에는 조선시대 유명 서예가들이 쓴 편액과 주련*이 빼곡하다.

활래정이라는 이름은 주자의 시 〈관서유감〉 중 '위유원두 활수래(爲有源頭活水來, 맑은 물이 솟아나는 샘이 있다)'에서 따왔다. 이름대로 활래정이 발 딛고 있는 연못에는 태장봉에서 맑은 물이 끊임없이 흘러든다. 여름이면 연못에는 연잎이 가득하다. 그 사이사이로 핀 담홍색 연꽃이 향기를 토하는 오후, 찻잎을 넣은 주머니를 준비했다가 꽃잎이 오므라들기 전에 넣어 하룻밤을 재운다. 다음날 찻잎을 꺼내 물에 우리면 연향이 온전히 녹아든 향긋한 차를 마실 수 있다.

활래정에는 방과 누마루 사이에 다실이 있다. 계절 좋을 때 분합문을 활짝 열어젖히고 잘 우린 차와 정갈한 정과를 올린 찻상이라도 대접받는다면 선교장에서 누릴 수 있는 호사는 다

---

* 기둥이나 벽에 시구를 써서 건 세로글씨.

누렸다고 보아도 된다.

활래정을 지나면 조선시대 상류 주택의 상징인 솟을대문을 마주하게 된다. 신선이 머무는 그윽한 집이라는 의미의 선교유거(仙嶠幽居)라 쓴 현판이 걸려 있다. 조선 말기의 서예가 이희수의 필적이다.

대문을 들어서면 1815년 이후가 건립한 사랑채인 열화당이 우뚝하다. 정면 4칸 측면 2칸의 누마루가 있는 열화당에는 기와지붕과는 조금 이질적인 동판 차양이 설치되어 있다. 개화기 때 러시아 공사에 의해 건립된 것이다. 열화당은 도연명의 〈귀거래사〉에서 따온 이름이다. '세상과 내가 서로 멀어지니 어찌 다시 벼슬을 구하겠나. 친척들과 정다운 이야기 나누며 기뻐하고 거문고와 책을 즐기며 시름을 달래리라(世與我而相違 復駕言兮焉求 悅親戚之情話 樂琴書以消憂),'라는 구절에서 열자와 화자를 따왔다. 지금은 작은 도서관으로 활용하고 있다.

열화당과 안채 사이에는 서재 겸 서고로 사용하던 서별당이 있고 그 옆으로 안방, 대청, 건넌방, 부엌 등으로 구성된 여성 공간 안채와 가족들을 위한 공간인 동별당이 이어진다. 바깥에서 보면 행랑채와 솟을대문 그리고 평대문과 외별당까지 길게 일자로 이어진 건물로 보이지만 그 안에는 이렇듯 중사랑, 열화당, 초당, 서별당, 연지당, 안채, 동별당, 사당 등이 각각의 공간성을 유지한 채 서로 연결되어 있다.

선교장의 농토는 광대했다. 소출한 것을 북촌과 남촌에 나누어 보관해야 할 만큼 수확량이 많았다. 평야도 없는 강릉에서 만석꾼 소리를 들었던 만큼 실로 엄청난 면적의 농토를 소유했으리라고 짐작할 수 있다. 한때 소작농 수가 1만여 명에 이를 만큼 관동 제일의 부호였다.

곳간에서 인심 난다고 선교장은 접빈객에 소홀하지 않았다. 선교장에 머물렀던 사람들의 이름을 기록한 24책의 방명록인 〈활래간첩〉을 보면 빈객의 수가 엄청났음을 알 수 있다. 많은 시인묵객과 유명 인사들이 선교장을 무시로 드나들었다. 특히 조선 후기는 우리 산천에 관심을 갖고 금강산과 관동지방의 명승을 유람하는 풍토가 성행했다. 따라서 선교장은 시인묵객의 문예 교류 공간이 되었다. 이곳에서 생산되는 서화가 얼마나 많았던지 서화를 장황하는 장인이 상주할 정도였다. 추사 김정희(1786~1856)가 쓴 〈홍엽산거(紅葉山居)〉 편액과 홍선대원군 이하응(1820~1898)의 필적이 선교장 전시관에 남아 있다.

선교장이 아름다운 것은 풍경 때문만이 아니다. 잘 관리된 전통시대 장원, 문인과 서화가들의 작품, 그리고 다양한 민속품들을 통해 옛사람들의 문화를 읽을 수 있어서다. 선교장에서는 조선 후기의 건축, 예술, 민속 안으로 뚜벅뚜벅 걸어 들어갈 수 있다. 그래서 선교장은 참 아름답고 귀하다.

3

이야기가 있는
도시 산책

옛 명성과 현대 문화가 어우러진 구도심

명주동

명주동은 고려시대부터 조선시대까지 강릉의 정치, 경제, 문화 중심지였다. 지금도 명주동에는 강릉 대도호부 관아를 비롯해 칠사당, 임영관, 임영관 삼문, 옛 읍성의 흔적을 보여주는 성벽 등이 남아 있고 그 주변에 임당동성당, 일제강점기의 적산가옥 등 근대 유적도 있어 옛 모습의 일부를 보여준다.

강릉의 중심이었던 명주동이 옛 영화를 내려놓은 채 쇠락하기 시작한 시기는 2000년대 초반이다. 강릉 도심이 주변부로 확장된 데다 강릉시청사를 홍제동으로 이전한 것이 한몫했다. 강릉시청은 원래 지금의 강릉대도호부 관아 자리에 있었다. 따라서 시청 주변인 명주동, 성내동, 남문동, 성남동이 번화했다. 그러나 2001년 시청사가 이전하고 외곽에 택지가 조성되면서 명주동은 급속도로 침체되었다. 마치 1000여 년의 역사가 새로운 시대에 조응하지 못하고 침몰하는 듯했다.

이렇게 활기를 잃었던 마을이 최근 생기를 되찾고 있다. 강릉대도호부 관아가 복원되고 명주예술마당이라는 복합문화공간이 들어섰다. 주기적으로 공연을 올릴 수 있는 작은 공연장 '단'과 커피 체험이 가능한 명주사랑채 등도 문 열었다. 그와 함께 주민들이 협심해 마을가꾸기 사업을 시작했다. 담을 허물거나 담벼락을 그림으로 장식했으며, 사랑스러운 소식이 들어찰 것 같은 편지함과 위압적이지 않은 조명등을 설치했다. 봄에는 골목길 가장자리를 예쁜 꽃으로 장식하는 '작은 정원 가꾸기' 사업도 진행했다.

구도심이 현지인들의 생활상을 보여주는 편안하고 감성적인 마을로 변하자 사람들이 찾아오기 시작했다. 주민들은 방문객에게 골목투어 해설을 자처했고 옛 읍성의 경계였던 성벽 일부도 주차장 한쪽에서 빠끔 얼굴을 내밀어 손님을 맞았다.

골목을 걷다 보면 먼저 눈에 띄는 것이 작은 공연장 단이다. 1958년 건립된 교회 건물을 리모델링한 이곳에서는 음악, 연극, 콘서트 등이 열린다. 객석 규모는 120석 정도로 문화예술인과 대중이 더욱 가까이서 교감을 나눌 수 있다.

카페도 여럿 있다. 기존 건물을 리모델링해서 주택들로 둘러싸인 주변 경관과 잘 어울리는 이웃 같은 카페들이다. 커피 체험장 겸 북카페인 명주사랑채는 화재로 전소된 일반주택지에 세워졌다. 얼마 전부터는 강릉문화도시사무국으로 그 쓰임이 달라졌다. 1940년대에 지은 방앗간을 개조한 또다른 카페는

페인트칠이 벗겨진 벽과 올이 풀려 너덜거리는 목재 출입문을 아랑곳하지 않고 커피향을 쏟아낸다.

명주동의 역사와 주민들이 사용하던 생활용품을 전시한 햇살박물관은 2층에서 따뜻한 마을 풍경을 내려다볼 수 있다. 아무렇지 않게 지붕을 맞댄 마을 골목을 하나의 뷰로 담아낸다. 강릉사범학교와 명주초등학교가 있던 자리에는 명주예술마당이 조성되었다. 내외관을 완전히 리모델링한 이곳에서는 다양한 공연과 전시가 열린다. 3층 건물의 1층에는 전시와 휴식공간, 오케스트라 연습실, 2층에는 합창 · 연극 · 댄스 · 밴드 · 피아노 연습장, 3층에는 녹음 스튜디오와 164석 규모의 공연장, 게스트룸이 있다. 별관은 공예 교육과 체험활동 공간이다.

그 무엇도 영원한 것은 없다. 영화와 쇠락이 공존할 수는 없지만 지난 영화는 그 흔적을 남긴다는 점에서 무실하지 않다. 명주동은 강릉시의 작은 법정동 가운데 하나지만 그 그릇에 담긴 역사의 깊이는 결코 얕다고 할 수 없다.

강릉의 얼굴과도 같은 재래시장

중앙시장

강릉에는 곳곳에 시장이 있다. 그중 가장 번화한 곳에 위치한 것이 중앙시장이다. 중앙시장 주변부에 있는 성남시장과 합쳐 중앙성남시장이라고 부르기도 하지만 강릉 사람들에게는 그냥 중앙시장으로 통한다.

강릉의 전통시장은 강릉읍내장, 연곡장, 우계장을 시작으로 주문진장과 구산장까지 그 수가 점차 늘어났지만 강릉이 영동지방 수부도시였던 만큼 읍내장이 물류 유통의 중심이 되었다. 읍내장은 강릉읍성을 중심으로 형성되었다. 읍성 안팎에서 번갈아 섰던 장은 이후 성 밖에서만 서게 되었다. 1936년 폭우와 1941년 화재로 거듭나게 된 시장은 점점 팽창해 동쪽으로 그 영역을 넓혔고, 지금의 중앙시장 쪽으로 시장이 통째로 옮겨갔다. 오일장으로 시작되었을 시장은 한국전쟁을 거치며 상설시장으로 변했고 그 규모 또한 확대되었다. 농산물과 수산물은 기본이고 공산품, 축산물 등 생활에 필요한 모든 것이 유통

되었다. 상설점포가 있었으나 정기 장이 열릴 때는 가설 점포를 추가로 설치했다고 한다.

중앙시장의 역사는 1956년 설립된 공설시장 건물이 철거되면서 시작되었다. 1977년 8월 사단법인 중앙시장번영회를 창립하고 설립인가를 받았다. 1980년 1월 개장했고 2004년 리모델링을 거쳐 현재의 모습이 되었다.

중앙시장과 성남시장에 입점한 가게는 300개가 넘고 좌판을 포함하면 500여 개에 이른다. 중앙시장 1층에 한복, 포목, 귀금속 등 혼수품 가게가 있어 예비신부의 필수 방문지였으나 지금은 여러 곳으로 분산되었다. 건어물 가게와 의류, 잡화 가게들도 여기에 있다. 주변 난전에서는 제철 푸성귀와 미역 같은 해산물을 판매한다.

2층에는 삼숙이탕, 알탕, 가오리탕, 동태탕 등을 전문으로 하는 식당이 있다. 강릉 토박이들이 얼큰한 삼숙이 매운탕을 먹기 위해 이곳을 많이 찾는다. 삼숙이는 잡어로 분류될 만큼 하찮게 취급되어 그물에 딸려오면 버린다고 하지만 강릉에서는 제법 인기가 있다. 지하는 어시장이다. 인근에서 조업한 해산물을 파는데 겨울에는 '심퉁이'라 불리는 대형 올챙이처럼 생긴 도치도 구매할 수 있다. 도치는 숙회나 두루치기로 먹고 알은 찜을 해 먹는다.

대형마트에 밀려 전통시장이 인기를 잃자 강릉시는 주차시설을 확충하고 재래시장 상품권을 보급하는 등 여러 방안을 마련했지만 형편이 썩 나아진 것 같지는 않다. 하지만 명절 때는 중앙시장이 북새통을 이룬다. 특히 지하 어시장은 제수로 쓸 문어를 흥정하느라 사람들이 가게 주위를 에워싸다시피 한다. 가게 한쪽에 설치된 솥에서는 흥정이 끝난 문어가 삶아지고, 삶아진 문어는 스티로폼 상자에 포장되어 나간다. 대왕문어는 통째로 팔리기보다 분할판매되는 경우가 많다. 명절 대목이라 문어 값이 천정부지로 치솟아도 차례상에는 반드시 문어를 올린다.

강릉에서는 차례나 제사뿐 아니라 결혼이나 상례 등 큰일을 치를 때도 반드시 문어를 쓴다. 상차림에 문어가 빠지면 하객이나 조문객에 대한 성의가 없다고 평가한다. 강릉이 양반 고장이라서 글월문(文)자에 고기어(魚)자를 쓰는 문어를 쓴다고 하지만, 그보다는 강릉에서 포획되는 대표어종이라 널리 쓰이는 것 같다.

강릉에서 나고 자란 중장년층 이상의 남성들에게는 중앙 시장이 매우 친숙하다. 젊은 시절 친구들과 어울려 시장통 국밥집에서 소주깨나 마셨던 추억이 있기 때문이다. 지금도 유명 정치인이 지역 유세를 오거나 강릉을 경유할 때 종종 들르는 국밥집은 문전성시다. 중앙시장 인근에는 멀티플렉스 영화관이 있고 월화거리를 비롯한 풍물시장도 있어 여행자들의 발길이 늘어나고 있다. 유명 맛집 앞에는 긴 줄이 만들어지기도 한다. 시장을 에워싼 돔 형태의 비가림 시설 아래에서는 강릉관노가면극 등장인물 캐릭터가 사람들을 마중한다. 의외의 공간에서 만나는 캐릭터가 왠지 모르게 반갑다.

　강릉에는 중앙시장 외에 서부시장, 동부시장, 포남시장 등 전통시장이 많지만 중앙시장을 제외하고는 대부분 상권이 무너진 형편이다. 예외적으로 수산물 전문인 주문진수산시장은 여전히 관광객들로 북적인다.

강릉에서 가장 번화한 전통시장,
중앙시장.

애절한 사랑을 이룬 길
월화거리

남대천은 강릉을 관통하는 내다. 왕산
면 대화실산에서 발원해 몇몇 지류를 만나 동해로 흘러간다.
남대천을 경계로 남쪽에 위치한 노암동에 월화정이라는 정자
가 있다. 신라 가요로 추정되는 〈명주가〉의 전승설화와 관련된
곳이다. 월화정이라는 이름은 이 설화의 주인공 무월랑과 연화
의 이름에서 각각 한 글자씩 따서 지었다.

한 서생이 떠돌며 공부하다가 명주에서 아름답고 글도 아
는 양가집 처녀를 보았다. 시를 써서 처녀에게 구애했으나 과
거급제하면 부모의 허락을 받겠노라는 답변을 들었다. 서생이
과거 공부하러 서울로 돌아간 뒤 처녀의 집에서는 혼처를 물색
했다. 처녀가 연못가에서 "내가 너희들을 기른 지 오래되었으
니 당연히 나의 마음을 알 것이다."라며 명주천에 쓴 편지를 던
졌다. 하루는 서생이 부모를 봉양하기 위해 물고기를 사서 배
를 가르자 그 속에서 편지가 나왔다. 즉시 처녀의 집으로 달려

갔더니 사위 될 사람이 막 도착해 있었다. 서생이 편지를 보여주고 명주가를 불렀더니 처녀의 부모가 서생을 받아들였다.

《고려사》에 실린 젊은 남녀의 결연담인 이 설화의 주인공들이 실존인물로 대체된 것은 《강릉김씨파보》에서다. 서생은 김무월랑이고 처녀는 박연화라는 것이다. 김무월랑은 신라 진평왕 때의 사람으로 강릉 김씨의 시조인 김주원의 아버지로 알려져 있다. 시중 벼슬까지 지냈고 사후에 왕으로 추존되었다. 처녀는 연화부인으로 강릉 12신 가운데 한 분으로 모셔졌다.

1000여 년을 전승되어온 이 이야기가 사람들의 어깨를 툭툭 치며 존재감을 드러내기 시작한 것은 월화거리가 생기고부터다. 도심을 지나던 철로를 지하로 보내고 폐철도 터를 공원으로 조성해 붙인 이름이 월화거리다. 이 구간에 〈명주가〉의 전승설화와 관련된 정자가 있어 거리 이름으로 가져다 썼다. 강릉역에서 부흥마을까지 이어진, 길이 2.6킬로미터의 이 거리는 구도심 지역의 공동화 현상을 해소하고 지역경제를 활성화할 사명을 갖고 태어났다.

월화거리가 생기기 전 이 길은 철로의 접근을 막는 차단벽과 집들이 늘어서고 그 사이로 우중충한 침목과 철궤가 뻗어 있는, 오로지 기차만을 위한 좁은 외길이었다. 그런 길을 양쪽으로 확대해 나무를 심고 보행로를 만들었다. 보행자들이 자유롭게 즐길 수 있는 문화공간도 따로 마련해놓으니 거리에 생기가 넘쳤다.

옛 철교는 남대천 양쪽 마을을 연결하는 전망대로 변모했다. 서쪽으로는 남대천 상류 뒤로 그림처럼 펼쳐진 대관령 산세를, 동쪽으로는 동해로 이어지는 물길을 좇을 수 있다.

다리를 건너면 문화공간 및 풍물시장이다. 거리에서는 버스킹이 펼쳐져 지나가는 사람들의 발길을 잡는다. 월화풍물시장에서는 기름 냄새가 진하게 삐져나온다. 잘 익은 배추김치를 한 잎 깔고 그 위에 메밀 반죽을 부어 부친 메밀전이나, 감자를 강판에 갈아 총총 썬 매운 고추와 부추를 넣어 구운 매콤한 감자전을 한 접쩨기(접시의 강릉 사투리) 먹어야만 할 것 같은 냄새다. 냄새를 좇아 풍물시장 안으로 들어서면 두어 평 남짓한 가게들이 열을 지어 마주보고 있다. 등받이 없는 빈 의자를 끌어

KTX가 다니기 이전의
옛 철길 주변으로 조성된
월화거리.

©Sagase48

와 앉으면 곧 음식이 나온다. 오가는 사람들로 왁자한 이곳에 서 역설적으로 여유로움을 즐길 수 있다.

도심 한복판에 월화거리가 조성된 계기는 2018 평창동계 올림픽이다. 도심을 관통하는 KTX가 도시 미관을 해치지 않 도록 철로를 지하로 보내자 이전 철도 자리가 남아 공원으로 만들 수 있었다. 시속 300킬로미터에 육박하는 고속철이 1000 여 년 전 연인들을 21세기로 불러낸 것이다. 무월랑이 불렀다 는 노래 〈명주가〉는 전하지 않으나 기록이 존재하는 한 강릉 에서 연화와 무월랑의 사랑 이야기는 변함없이 전해질 것이다. 더구나 거리 이름으로 붙여졌으니 앞으로 천년은 거뜬히 기억 되고 이야기되지 않겠는가.

월화거리 옆에는 중앙시장이 있다. 시장음식을 맛보려는 여행객들이 늘어나면서 활기를 되찾고 있는데, 연인이라면 시 장 옆의 월화거리도 꼭 걸어볼 일이다. 설화 속 물고기처럼 사 랑의 메신저 역할을 할 수도 있으니까 말이다.

오늘 머 먹나?
강릉의 먹거리

외지에서 손님이 방문하면 강릉 사람들은 맨 먼저 활어회를 대접할 생각부터 한다. 주변에 여러 항구가 있고 해안을 따라 횟집이 즐비한 까닭이다. 활어회를 대접하면 상대방의 만족도가 높을 것이라는 판단도 한몫한다. 그러나 활어회는 전국 어느 해변에서나 맛볼 수 있어 강릉의 대표 음식이라고 말하기는 어렵다.

강릉에서 맛볼 수 있는 토속음식이라면 감자를 원료로 한 음식과 초당두부를 빼놓을 수 없다. 지역 토양에서 자란 농작물로 만들어 부담 없이 한 끼 식사로 즐길 수 있는 음식이 감자옹심이와 감자전이다. 초당두부 역시 마찬가지다. 콩을 강릉 방식으로 가공해 건강한 상차림을 준비하는 주재료로 쓴다. 초당두부는 식품을 일컫는 말이지만 음식을 지칭하기도 한다. '초당두부 먹으러 가자!'라고 하지 '초당두부전골을 먹으러 가자!'라고 하지 않는다. 식품이 음식명으로 통칭된다. 전국에서

생산되는 어떤 과줄보다 바삭하고 고소한 사천과줄 역시 강릉
의 자랑스러운 지역 음식이다.

감자전과 감자옹심이

강릉에서는 감자가 다양한 먹거리의 재료가 된다. 그중 대
표적인 음식이 감자전, 감자옹심이, 감자송편이다.

감자는 다른 농작물보다 비교적 이른 시기에 심는다. 3월
하순에 심어 약 100일간 자라면 수확한다. 강릉에서는 일 년
내내 감자 음식들이 만들어지지만 특히 강릉단오 때 감자전을
찾는 사람들이 많다. 단오절이 지역 감자를 수확하기 이전일
경우가 많지만 단오장터의 대표 메뉴는 감자전이다. '감자적'
이라 부르던 것을 표준말인 감자전으로 바꿔 부르기 시작한 지
는 그리 오래지 않다.

감자전 만드는 방법은 간단하다. 껍질을 깎아 강판에 간 감
자는 수분을 빼기 위에 체에 받쳐둔다. 가라앉은 전분과 갈아
둔 감자를 섞어 부추나 채 썬 호박, 송송 썬 매운 고추를 넣고
소금 간을 하여 기름에 노릇하게 구우면 된다. 감자전은 반드
시 따뜻할 때 먹어야 풍미를 느낄 수 있다. 메밀전이나 녹두전
은 식혀 먹어도 별미지만 감자음식은 식으면 굳어져 식감과 맛
이 훨씬 떨어진다.

감자전과 함께 강릉에서 맛볼 수 있는 또 다른 음식이 감자
옹심이다. 감자를 갈아 물기를 뺀 후 가라앉은 전분을 섞어 동

그렇게 빚은 새알심이 주재료다. 멸치 육수를 끓여 그 속에 새알심과 버섯, 채소 등을 넣고 소금으로 간하여 완성한다. 구수한 육수에 쫀득한 새알심이 어우러져 특별한 맛을 낸다. 요즘은 순옹심이와 칼국수옹심이로 메뉴를 구분해 기호에 따라 면발을 넣기도 한다.

병산동에는 옹심이 마을이 있다. 감자를 재료로 한 음식을 선택해 먹을 수 있는 식당들이 여럿이다. 감자전은 이 집이 맛있고 옹심이는 저 집이 맛있다며 입맛에 맞는 식당을 찾아갈 수 있으니 손님 입장에서는 편리하다. 옹심이 식당에서 감자송편을 함께 팔기도 한다.

감자송편은 감자를 썩혀 얻어낸 녹말가루에 팥소를 넣어 만든 달고 쫀득한 떡이다. 감자를 썩힐 때 고약한 냄새가 나기 때문에 요즘은 녹말가루 내는 집을 거의 찾아볼 수 없다. 감자를 수확하는 계절에는 감자를 갈아 송편을 만들었다. 강판에 간 감자를 베 보자기에 넣어 수분을 짜낸 뒤 가라앉은 전분을 섞어 소금으로 간하여 준비한다. 감자반죽에 갓 수확한 강낭콩을 소로 넣어 모양을 잡아 빚는다. 시루에 삼베 천을 깔고 송편을 겹쳐지지 않게 나란히 놓아 쪄낸다. 다 쪄진 송편에는 들기름을 발라 고소함을 더한다.

여름날 강릉 농가에서 흔히 보이는 풍경이 있었다. 아버지가 농사일 마칠 때를 기다리느라 늦어진 저녁상이 평상 위에 차려진다. 영락없이 마당 가장자리 모깃불에서는 매캐한 연기

가 오른다. 감자와 강낭콩이 으깨진 밥과 강릉말로 '빡작장'이
라 부르는 강된장이 놓인 두리반을 온 가족이 둘러앉는다. 하
루 일과를 도란도란 이야기하며 식사하는 사이 강릉의 여름은
점점 깊어간다.

초당두부

두부에 지명을 붙여 고유명사화한 예는 초당두부가 유일할
것이다. 초당두부 하면 누구나 초당동을 연상한다. 강릉 초당
동에서는 오늘도 두부를 만든다.

초당두부의 유래에 대해서는 두 가지 설이 있다. 하나는 조
선 명종 때 삼척부사를 지냈던 허엽(1517~1580)이 집 앞의 맛
좋은 샘물로 콩을 가공하고 깨끗한 바닷물로 간을 맞추어 두부
를 만들게 했는데, 이렇게 만든 두부의 맛이 좋기로 소문나자
두부에 자신의 호 '초당'을 붙이도록 했다는 것이다. 다른 하나
는 한국전쟁 때 강릉의 청년들이 동부전선에 나가 전사하자 혼
자 남은 아내들이 두부를 만들어 내다 팔아 생계를 꾸리게 된
것이 그 시작이라는 것이다.

어느 유래가 맞는지는 모르겠지만 초당에서 두부를 많이
만들었던 것만은 확실하다. 두부는 중앙시장이나 경포해변, 또
는 마을 골목길에서 팔렸다. 어릴 때 부모님을 도와 두부 실은
손수레를 끌고 시장까지 운반하는 일이 예사였다는 어떤 사람
은 팔고 남은 두부를 먹느라 질려 지금까지 두부를 먹지 않는

다고 한다.

초당두부 만드는 과정은 다른 지역 두부와 크게 다르지 않다. 8~12시간 물에 불린 메주콩을 맷돌에 갈아 콩즙을 걸러낸다. 이 콩즙을 가마솥에 부어 2시간 동안 끓인 후 뜸을 들인다. 뜸 들인 콩물에 간수를 넣어 말랑말랑하게 엉기면 무거운 돌을 얹어 물기를 뺀다. 초당두부가 일반 두부와 차별되는 점은 간수로 동해 바닷물을 쓴다는 것이다. 바닷물은 일반 간수보다 두부를 부드럽게 응고시킨다.

집집마다 가내수공업 형태로 두부를 만들어 팔던 초당동에 식당이 생겨 두부음식을 판매하게 된 것은 1979년 이후의 일이다. 한 집 두 집 시작된 초당두부 식당은 현재 30여 곳에 이른다. 두부를 이용한 메뉴는 순두부, 모두부, 두부전골이 대표적이다. 순두부는 양념간장으로 간을 하는데 맛이 담백하다. 모두부는 두부를 숭덩숭덩 썰어 양념장을 곁들여 내거나 볶은 김치와 함께 낸다. 금방 만든 따끈한 두부는 고소함이 최고다. 순두부와 모두부 맛은 음식점마다 비슷하지만 두부전골 맛은 차이가 있다. 육수부터 첨가되는 재료의 내용이 조금씩 다르고 얼큰한 맛, 순한 맛으로 구분된다.

두부를 만들 때 맷돌에 갈아 콩즙을 내고 남은 찌꺼기를 비지라고 부른다. 말이 찌꺼기지 식이섬유와 콩의 영양 성분이 남아 있는 좋은 식재료다. 초당두부 식당에서 두부음식을 주문하면 비지찌개가 곁들여 나온다. 돼지고기와 김치를 넣어 끓여

내는 집도 있고 담백하게 소금 간만 조금 하는 집도 있다. 맛의
차이는 발효시킨 비지인가 생비지인가에 달려 있다. 발효된 비
지, 즉 '띄운 비지'는 맛에 풍미를 더한다. 잘 조리한 비지찌개
만 있어도 훌륭한 반찬이 된다.

　강릉 초당동과 인근 마을의 두부 식당에는 두부음식을 먹
기 위해 연일 사람들이 몰려든다. 수공업 형태로 만들어지던
초당두부는 1983년 두부공장이 건립되면서 공정과정이 기계
화되었지만 식당 중에는 아직도 직접 만든 두부로 영업하는 집
이 십여 곳 있다. 성가신 수작업을 감내하는 주인의 고집이 고
마워 초당에 가게 되는지도 모르겠다.

담백하고 건강한 한 끼로
즐기기 좋은 초당순두부 정식.

사천과줄

강릉에서는 명절 차례상이나 제사상에 가정마다 독자적으로 과줄을 만들어 제수로 올렸다. 과줄은 찹쌀을 반죽해 만든 얇은 바탕을 식용유에 튀긴 뒤 조청을 발라 튀밥을 묻혀 만든 한과다. 강릉에서는 '과질'이라고 불렀다. 공정은 크게 찹쌀 반죽해 말리기, 바탕 튀기기, 바탕에 조청 입히기, 튀밥 묻히기로 진행된다. 그 안에 조청 만들기와 튀밥 만들기가 포함된다.

그러나 만드는 과정이 단순하지 않고 숙련된 기술을 필요로 했기 때문에 선뜻 일을 벌이지 못했다. 필요할 때 적당 양을 구매해 쓰는 것이 경제적이라 여겨 과줄 만드는 일을 기피하게 되었다. 집안 행사는 여전한데 행사에 쓸 한과를 만들 엄두를 내지 못하는 사람들이 점점 늘어나니 그와 비례해 한과를 만들어 판매하는 가정도 늘어나게 되었다. 급기야 마을 전체가 과줄이라는 단일 업종으로 특화된 곳이 강릉 사천 과줄마을이다.

사천과줄은 찹쌀 바탕을 고른 크기로 튀기기 때문에 모양이 가지런하다. 맛도 적당히 부드럽게 바삭하고 달아 명절 선물로 인기가 매우 좋다. 전국적으로 한과를 생산하는 곳은 많지만 사천과줄의 맛은 단연 뛰어나다.

요즘은 바탕을 식용유에 튀기지만 기름이 귀했던 시절에는 모래를 이용해 만들었다고 한다. 이 방법은 강원도 무형문화재로 지정된 최봉석 명인에 의해 시연되었다. 가마솥에 모래를 넣어 볶다가 모래와 바탕이 서로 달라붙지 않게 아주까리기름

을 넣었다. 모래의 열에 의해 바탕이 부풀어 오르면 조청을 입
히고 튀밥을 묻혀 과줄을 완성했다. 이렇게 만든 과줄은 튀기
지 않아 맛이 담백하고 며칠이 지나도 기름 절은 냄새가 나지
않는다고 한다. 이 전통 제조법은 과정이 복잡하고 대량생산이
어려워 더 이상 사용되지 않는다.

　과줄은 어린아이부터 노인까지 누구나 부담 없이 즐길 수
있는 간식이다. 달작지근하고 고소한 과줄이 먹고 싶을 때는
사천 갈골 한과마을에 들러볼 일이다.

강릉에만 있는 독특한 주제의

박물관 산책

강릉은 오래된 역사도시답게 지역민들의 삶의 모습을 보여주는 공립, 사립, 대학 박물관 외에도 특별한 박물관이 있다. 전시와 연구라는 고전적인 기능을 넘어 복합문화공간으로서의 역할이 강조되는 박물관은 다양한 재미와 경험의 공간이 되기도 한다. 강릉 여성들의 솜씨가 돋보이는 자수품, 세계 최고의 에디슨 발명품, 자연과 예술의 컬래버레이션, 바다에서 만나는 과학과 예술 등 색다른 선물 꾸러미 같은 이색 박물관들을 만나보자.

동양자수박물관

오죽헌 앞 창작예술인촌 2층에 자리한 동양자수박물관에서는 '강릉수보'와 '강릉색실누비'라는 매우 특별한 민예품을 만날 수 있다.

강릉수보는 강릉을 중심으로 한 관동지방에서 생산, 수집

된 자수 보자기다. 다른 지방 자수 보자기와 구별되는 독특한 조형적 특징을 지녀 강릉수보라 부른다. 강릉수보는 문양 표현이 분방하고 화려하다. 바탕천에 추상에 가까울 만큼 간략화된 나뭇잎, 꽃, 새 등을 배열해 강렬하고도 독특한 미감을 보여준다. 바탕천 가득 베풀어진 나뭇잎은 색이 다른 수실로 표현하고 외곽선은 금사로 둘러 화려함을 더했다. 수보를 보고 있으면 나뭇잎에서조차 분분함이 느껴지는데 그래서인지 강릉수보를 '꽃보'라고도 불렀다.

강릉색실누비는 색색의 실을 가지고 직물과 직물을 누벼 색다른 조형미를 창조해낸 공예품으로 강릉 여인들이 남편을 위해 만든 쌈지가 대표적이다. '겨울 스티치, 사랑과 기원'이라는 제목으로 2018년 평창동계올림픽 예술포스터상을 받은 작품의 모티브가 되기도 했다.

박물관에 들어서면 로비에서 세상에 단 하나밖에 없는 수제 자수품들을 만날 수 있는 가게가 발길을 잡는다. 전시실은 목재 인테리어와 직물을 장식한 수실에 내리쬐는 조명 덕분에 따뜻하고 안온하다. 버선본주머니, 베갯잇, 바늘집, 수보자기, 실패, 회화자수 등 아주 작은 소품부터 병풍에 이르기까지 빼곡히 들어찬 전시물에서 발랄함과 어여쁨이 뿜어져 나온다. 어머니의 손길이 빚어낸 공교하고도 아름다운 이야기들이 넘쳐 쉬이 자리를 떨치고 나오기 힘들다.

참소리축음기 · 에디슨과학박물관

경포 호숫가 도로 옆에 참소리축음기 · 에디슨과학박물관이 있다. 1992년 참소리축음기박물관이라는 이름으로 송정동에서 개관했고 2007년 경포호 주변으로 이전했다. 2014년에는 같은 자리에 영화박물관이 더해졌다. 박물관 이름이 워낙 길다 보니 강릉 사람들은 '참소리박물관'이라 줄여 부르기도 한다. 설립자가 평생을 걸쳐 수집한 축음기와 에디슨의 발명품 그리고 영상매체를 전시하고 있다.

박물관의 전시 물량은 실로 엄청나다. 우리나라에서 보기 어려운 희귀 전시물도 많기 때문에 반드시 제시된 동선에 따라 도슨트의 설명을 듣는 것이 좋다. 각 기기의 작동 원리를 설명하고 소리를 들려주는 도슨트의 안내는 재미있고 신기하다. 혼자 관람하면 절대로 누릴 수 없는 재미다.

박물관에는 1796년 스위스에서 만들어지기 시작해 1800년대 유럽 여러 나라에서 생산되었던 뮤직박스를 비롯해 나팔축음기, 포터블측음기 등 다양한 축음기와 라디오, 텔레비전 등 수천 점이 전시되어 있다. 동전을 넣어 음악을 감상하는 축음기인 아메리칸 포노그래프도 만날 수 있다. 이 축음기는 1900년에 6대가 만들어졌다. 수집가들 사이에 단 한 대가 남았다는 소문이 돌았는데 아르헨티나에 그 물건이 나왔다는 소식을 듣고 설립자가 한달음에 아르헨티나로 날아가 구해왔다고 한다.

에디슨 전기자동차는 전 세계에 3대가 남아 있는데 그중 하나가 이곳에 전시되어 있고, 에디슨이 만든 최초의 축음기 '틴포일'은 1877년 총 6개를 만들었는데 5개가 이곳에 소장되어 있다.

전시실 곳곳에서는 축음기 앞에 귀 기울이고 있는 개 '니퍼'를 만날 수 있다. 화가 프란시스가 그린 그림 속 주인공이다. 주인이 생전 좋아했던 음악이 흘러나오자 주인과의 추억을 떠올리며 축음기 앞에 앉아 귀를 기울이는 니퍼의 이야기는 허구지만 감동스럽다.

안내자가 동행하는 동선의 마지막에는 음악감상실이 있어 진공관 스피커로 음악을 감상할 수 있다. 아날로그부터 디지털까지 사운드를 통한 감동을 진하게 전해준다. 현장에서 소리와 빛을 직접 만나면 박물관의 진면목을 비로소 실감하게 된다.

하슬라아트월드

강릉 안인에서 해안도로를 따라 정동진 방향으로 십여 분 차를 달리면 오른쪽에 우뚝 서 있는 건물을 발견하게 된다. 하슬라아트월드다. '하슬라'는 고구려, 신라시대 때 강릉을 일컫던 명칭이다. 하슬라아트월드는 동해를 조망할 수 있는 송림 사이에 조성된 복합문화공간이다. 전시된 미술품들이 하늘, 바다 그리고 숲과 어우러져 일상적이지 않은 아우라를 뿜어낸다. 미술품이 주는 감동을 훨씬 배가시키는 것이 자연임을 체험할 수 있다.

10만여 평 규모의 이 복합문화공간은 크게 야외전시장, 실내전시장인 현대미술관과 피노키오 마리오네트 미술관, 카페와 레스토랑, 뮤지엄 호텔로 구성된다. 야외전시장은 하늘전망대, 바다정원, 성성활엽길, 시간의 광장, 소나무정원, 소통갤러리 등 자연을 주제로 구획되어 있어 관람에 여유와 재미를 더해준다. 곳곳에서 재미있거나 기발하거나 과장되거나 예술적인 설치미술품들이 존재감을 드러낸다.

1, 2, 3관으로 구분되는 현대미술관은 국내외 작가들의 작품을 전시하는데 2관은 현대작가 기획전시관으로 운영한다. 피노키오 마리오네트 미술관에서는 움직임이 있는 전시, 즉 키네틱아트와 작은 구조가 전체 구조로 순환되는 프랙탈 전시 등 고전적 미술관의 개념과는 다른 전시물들을 만날 수 있다. 거짓말을 하면 코가 커지는 나무인형 피노키오와 사람이 조작하는 줄로 움직이는 인형 마리오네트가 만들어내는 이야기들이 익숙하면서도 새롭다.

설립자가 디자인한 갤러리 호텔인 뮤지엄호텔, 하슬라에서 직접 로스팅한 커피를 맛볼 수 있는 바다카페, 하슬라에서 채취한 식재료로 요리하는 레스토랑도 들러볼 만하다.

시간박물관

강릉시 강동면의 시간박물관은 정동진의 랜드마크가 된 모래시계 옆에 기차 8량을 연결해 만들었다. 바다와 가장 가까운 역이 정동진이라면, 시간박물관은 바다와 가장 가까운 박물관일 것이다. 규모는 크지 않지만 시계의 역사와 원리, 시계 속에 발현된 예술성까지 두루 살펴볼 수 있는 작품들로 가득 차 있다.

박물관에는 독일, 프랑스, 오스트리아, 중국, 네덜란드, 미국 등 세계 여러 나라에서 사용하던 조형성이 뛰어난 장식적인 시계가 전시되어 있다. 예술작품으로도 손색없는 아름다운 시계들이다.

1911년 영국에서 건조된 초호화 여객선 타이타닉은 당시 세계에서 가장 큰 선박으로 주목을 받았다. 절대 가라앉지 않는다는 의미로 '불침선'이라 불렸지만 아이러니하게도 뉴욕으로 가는 첫 항해 때 빙산과 충돌해 침몰했다. 타이타닉이 침몰하던 순간인 2시 20분에 멈춰선 회중시계가 경매를 통해 세상에 나왔는데 시간박물관에서 그 실물을 볼 수 있다.

시계의 원리를 이용한 현대미술품들도 독특하다. 조지 로드, 제임스 보든, 래리 프랜슨, 제랄드 존슨, 고든 블라둣, 데이빗 로이, 제프 펑크하우저 등의 작품이 전시되어 있다.

세계 최대의 자전거 시계인 '서스펜디드 타임'이라는 작품은 '바이시클 클락'이라고도 부르는데, 54개의 자전거 톱니와 27개의 체인이 정교하게 작동하는 4.6미터 길이의 압도적 규모다. 시계를 응용한 대부분의 작품들이 그렇듯 수학적인 계산 없이는 작동되지 않기에 예술작품인 동시에 과학작품이다.

'그랜드파더 세븐맨 클락'이라는 작품도 눈길을 사로잡는다. 1990년 세계 시계 명장 콘테스트에서 최우수상을 받은 작품으로, 7개의 인형이 쉬지 않고 움직여 '인간과 시간의 관계'를 철학적으로 표현했다는 평가를 받는다. 인형들의 역동적이고 생산적인 움직임, 기계적이고 반복적인 얽매임이 마치 고단한 삶의 무게를 짊어진 이 시대의 아빠들 같다.

'무엇을 하기에 너무 짧은 1분이라는 시간은 사랑하는 사람을 안아주기에는 충분한 시간'이라는 카툰으로 마무리되는 시간박물관. 그곳에서는 과학과 예술이 만나는 신기한 경험을 할 수 있다.

8월에 만나는 한여름 밤의 꿈

정동진독립영화제

삼면이 야산으로 둘러싸여 마치 작은 분지 같은 운동장 정면에 대형 스크린이 설치되고 그 앞으로 수백 개의 의자가 놓였다. 햇살이 약해지자 사람들이 하나둘 모여들었다. 의자 옆 운동장에 설치된 모기장 텐트와 돗자리에도 사람들이 들어찼고, 운동장 가장자리의 스탠드석은 늦게 온 사람들이 차지했다. 운동장 앞쪽에 마른 쑥을 쌓아 모깃불을 놓았다. 매캐한 연기가 운동장을 날아다닌다. 하늘에는 별 하나가 유독 반짝인다. 빛나던 별이 그 수를 늘려 갈 때 저 멀리 어둠 속으로 기차가 지나간다.

정동초등학교에서 열리는 정동진독립영화제 풍경이다. 정동진독립영화제는 강릉씨네마떼끄와 한국영상자료원 그리고 독립영화인들이 함께 만들어가는 축제다. 1999년 처음 개최된 이후 매년 열려 2019년에는 스물한 살이 된다. 8월 첫째 주 개최되는 이 영화제는 '별이 지는 하늘, 영화가 뜨는 바다'라는 슬로건으로 시작된다. 슬로건만으로도 해안 가까이 야외에서 열리는 영화제임을 알 수 있다.

정동진독립영화제의 시작은 필름 배급과 영화 상영의 독점을 주도하는 멀티플렉스의 등장과 관련이 있다. 멀티플렉스 영화관의 상영관 독과점으로 흥행 가능성이 낮은 영화들은 외면을 당했다. 소재와 주제, 나아가 형식의 다양성을 보여주는 작품들은 제작되어도 상영할 극장을 구할 수 없었다. 이런 답답한 현실에서 영화인들의 숨통을 틔워준 것이 독립영화관이다. 독립영화관에서는 상업성을 담보하지 못한 예술영화나 실험영화 그리고 다큐멘터리 영화들이 상영되었다.

강릉에는 독립영화 전용관인 '강릉독립예술극장 신영'이 있다. 2012년, 전국에서 두 번째로 생긴 민간 독립영화 전용관이다. 2016년 재정적인 문제로 한차례 휴관하기도 했으나 강릉시의 예산 지원에 힘입어 2017년 재개관했다. 강릉시는 신영극장에 운영비 5000만 원을 지원했는데 전국 기초자치단체가 독립영화관을 지원한 최초의 사례로 꼽히고 있다.

1950년대에 생긴 신영극장은 강릉 사람들에게 영화관이라기보다 어떤 상징 같은 곳이었다. 유동인구가 많은 번화가에 위치해 "어디서 만날래?"라는 물음에 "신영극장"이란 대답이 툭 튀어나왔다. 신영극장 앞에서 만나 해오라기 쫄면집도 가고, 빙그레 김밥집도 가고, 가자니아 커피숍에도 갔다. 강릉에 가장 먼저 생긴 강릉극장이 1991년 폐관된 뒤 기존의 신영극장과 동명극장을 필두로 썬프라자극장, 문화극장, 씨네아트홀 극장, 동부극장 등 소극장 형태의 극장들이 난립했지만 수명은 그리 길지 못했다. 소극장들이 하나둘 폐관할 즈음 멀티플렉스 영화관이 생기면서 극장가를 평정해버렸다. 신영극장만이 '강릉독립예술극장 신영'이란 이름으로 지금까지 그 명맥을 유지하고 있다. 독립영화를 상영하는 영화제와 영화관이 존재한다는 사실만으로도 강릉은 매우 의미 있는 도시다.

정동진독립영화제는 시민들에 의해 개최되는 영화제다. 정기회원들의 회비와 자원봉사자들의 헌신, 그리고 영화 애호가들의 참여가 기본이 된다. 2004년부터 사용한 손글씨 로고는 영화를 사랑하는 사람들이 마음을 모아 만든 영화를 선보인다는 점에서 영화제의 정서와 맞닿는다.

영화제는 야외에서 진행되기 때문에 날씨가 행사의 성패를 좌우한다. 비만 오지 않으면 반쯤은 성공한 것이다. 별이 뚝뚝 떨어질 것 같은 하늘에서 노란 원피스를 입은 붉은 볼의 소녀가 살만 남은 우산을 들고 내려온다. 정동진독립영화제의 수호천사인 '우산살 소녀'다. 자연스럽고 인간적인 느낌이다.

대형 스크린에서는 러닝타임이 채 5분도 되지 않는 단편부터 한 시간을 훌쩍 넘기는 장편까지 다양한 길이와 장르의 영화가 상영된다. 영화제에 참가한 감독과 배우들이 관객과 대화의 시간을 갖기도 한다.

모기장 텐트 속에서 시원한 음료를 마시며 세상 편한 자세로 영화를 볼 수 있는 기회는 흔치 않다. 해변에서 물놀이하던 즐거움을 그대로 이어 영화 속을 유영할 수 있는 정동진독립영화제는 주제와 형식만큼 관람 방법도 자유롭다. 그래서인지 운동장을 채운 사람들은 영화 한 편이 끝날 때마다 우렁찬 박수를 보낸다. 독립영화가 지향하는 자유로움을 함께 나눌 관객이 얼마나 많은지 가늠할 수 있는 장면이다.

2018년 정동진독립영화제에서는 작품선정위원회가 추려낸 작품들을 상영해 관객들의 호평을 받았다. 녹록치 않은 환경 속에서도 독립영화의 저변 확대와 활성화에 기여하고 있는 정동진독립영화제를 어떻게 누리느냐는 개인의 몫이다.

한여름 밤 바닷가 마을에서
펼쳐지는 영화 축제.
정동진독립영화제가
열리는 장면.

©강릉시

한국 커피 역사를 새롭게 써낸

커피도시

강릉은 '향'이 있는 도시다. 소나무향을 비롯해 우리나라에서 가장 오래된 차 유적지(한송정)에서의 차향, 글로벌시대에 걸맞은 커피향까지, 문향·예향으로 불리던 향(鄕)에 향기(香)가 더해져 강릉을 규정하는 코드가 하나 또 만들어졌다.

여러 해 전 강릉은 '커피도시'가 되었다. 강릉에는 카페가 정말 많다. 어느 카페든지 문을 열고 들어서면 그라인더에서 분쇄 중인 커피콩의 향이 퍼져 나오고, 생두를 로스팅하는 강렬한 향이 거리를 장악해 사람들을 유혹한다.

강릉이 커피도시가 된 시원을 거슬러 올라가보면 몇 가지 키워드가 발견된다. 안목 커피자판기, 보헤미안, 테라로사, 커피나무 등이다.

1980년대 강릉항이 있는 작은 어촌마을 안목 거리에 커피자판기가 생겼다. 한 해, 두 해 지나자 안목해변 자판기의 커피가 맛있다는 소문이 나기 시작했다. 사람들이 직접 차를 몰고 안목으로 몰려가 바닷바람을 맞으며 커피 맛을 즐겼다. 자판기 주인들이 나름대로의 첨가물을 넣어 특별한 맛을 냈다고 한다. 몇 년 후 안목은 커피거리가 되었다. 자판기 대신 커피숍이 생기기 시작하더니 횟집도 커피숍으로 바뀌고 상가 대부분이 커피 전문점이 되어 거리의 판도를 바꿔놓았다. 지금 강릉에서 '커피거리'로 통하는 곳은 안목이다.

커피숍 보헤미안은 커피도시 강릉의 또 다른 시발점이다. 우리나라 커피 1세대라고 불리는 보헤미안 대표 박이추는 생두를 강한 불에 볶아 진한 맛을 내는 일본식 로스팅의 선두주자로 알려져 있다. 그는 서울 혜화동과 안암동에서 카페를 운영하다가 2001년 강릉 경포로 자리를 옮겼다. 그의 커피숍에서는 다른 곳에서 경험하기 어려운 향이 넘쳐 지나는 사람들의 발걸음을 잡았다. 생두를 직접 로스팅하면서 생긴 향이었다. 당시 강릉에는 로스팅하는 커피숍이 없었다.

소문을 들고 그의 커피숍에 갔던 강릉 사람들은 맛이 쓰다며 도리질했다. 그러면서 커피숍을 나올 때는 입구에 놓아둔 원두 찌꺼기 주머니를 하나씩 들고 와 자동차 방향제로 썼다. 그렇게 커피와 조금씩 가까워지기 시작했다. 멀리서 커피를 좋아하는 사람들도 알음알음 찾아왔다. 풍미가 깊다는 게 그들의 평이었다.

보헤미안은 연곡으로 자리를 옮겼고 경포와 가까운 교동,

사천에도 매장을 열었다. 그곳은 그의 명성을 좇아 온 사람들이 줄을 서 대기할 만큼 성황을 이룰 때가 많다.

박이추의 강릉 정착과 함께 나란한 다른 한 축은 테라로사의 개업이다. 2002년 건립된 테라로사는 커피 로스팅 설비를 갖춘 공장, 박물관, 레스토랑, 뮤지엄 숍을 겸한, 강릉에서 가장 규모가 큰 커피숍으로 성장했다. 처음에는 직접 로스팅한 원두를 카페나 레스토랑에 공급하는 작은 공장으로 시작했지만 커피 맛이 소문나면서 카페를 운영하기에 이르렀다. 지금은 전국적으로 여러 분점을 운영하는 한편 로스팅한 커피콩을 전국 커피숍으로 납품하는 회사로 발전했다. 구정면에 있는 테라로사 본점은 커피를 마시려는 사람들로 연일 붐빈다.

커피박물관 커피커퍼의 존재감도 묵직하다. 커피 관련 유물 2만여 점과 함께 유럽의 커피문화, 한국의 커피 역사를 정리해놓은 박물관에는 커피나무가 자라고 있다. 국내에서 수령이 가장 오래된 35년생(2019년 현재)을 비롯해 다양한 품종의 커피나무와 커피체리(커피 열매)를 관찰할 수 있다. 국내 최초로 상업용 커피를 생산해낸 커피커퍼는 강릉 외곽 왕산의 제1박물관에 이어 강문동에 제2박물관을 열었다.

커피문화가 단기간에 우리나라 전역으로 확산된 데는 외국 프랜차이즈 커피 전문점의 영향이 크다. 그와 달리 강릉의 커피문화는 강릉 사람들과 자연 그리고 커피 이야기에 기반을 두고 있다. 그 결과 20여 년 전까지 커피와 관련한 별다른 경험이 없었던 강릉이 현재 커피도시가 될 수 있었다. 어느덧 유명 커피숍이 여행자들의 필수 코스가 되고, 인구 22만 명이 안 되는 도시에 커피숍 수가 450개에 이른다.

커피문화가 확산되자 강릉시는 2009년 10월 제1회 강릉커피축제를 개최했다. 2018년 열 살이 된 축제는 녹색체험센터를 주행사장 삼아 안목을 비롯한 강릉의 거의 모든 카페에서 함께 열린다. 5일간의 축제기간 동안 행사장을 찾는 방문객 수는 수십만 명에 달한다. 커피축제가 강릉의 대표축제로 자리매김하는 데는 그리 오랜 시간이 걸리지 않았다.

2009년에 시작되어 벌써
10회를 넘긴 강릉커피축제.

내 꽃을 부끄러워하지 않는다면

헌화로

해안을 낀 드라이브 코스나 트레킹 코스는 사랑받을 수밖에 없다. 일상적이지 않은 자연에 대한 경외 때문이다. 강릉에도 해안을 따라 아름다운 길들이 조성되어 있고 그중 한 곳이 헌화로다. 눈치챘겠지만 헌화로는 향가 〈헌화가〉에서 따온 이름이다.

《삼국유사》에 따르면 신라 성덕왕 때 순정공이 강릉 태수로 부임하는 길에 바닷가에서 점심을 먹게 되었다. 그곳은 높이가 천 길이나 되는 바위 봉우리가 병풍같이 둘러져 있고 그 위에 철쭉꽃이 피어 있었다. 수로부인이 꽃을 꺾어줄 사람이 없냐고 물었지만 사람의 발길이 닿기 어렵다는 이유로 나서는 이가 없었다. 그때 암소를 끌고 지나가던 한 늙은이가 그 꽃을 꺾어 바치며 부른 노래가 '붉은 바위 끝에/ 암소 잡은 손 놓게 하시고/ 나를 아니 부끄러워하시면/ 꽃을 꺾어 바치오리다.'라고 해석된 〈헌화가〉다.

　　순정공이 경주에서 강릉으로 가노라면 해안을 따라 북쪽으로 난 길을 잡았을 것이다. 〈헌화가〉의 배경은 동해안의 어느 공간 중 천 길이나 되는 절벽이 있고 철쭉꽃이 피는 곳이다. 이런 조건을 갖춘 곳 중 하나가 금진에서 정동으로 이어지는 해안단구 지역이다. 현재의 헌화로가 그 배경이었는지는 확실치 않다. 순정공이 강릉태수로 부임하던 길이라는 내용 중 '강릉태수'에 방점을 찍어 길을 낸 곳이 헌화로다.

　　옥계면 금진항과 강동면 심곡항을 연결하는 헌화로는 바다와 가장 가까이 조성된 도로로 알려져 있다. 길이 뚫리기 전 금진-심곡 구간은 서로 통하는 길이 없었다. 두 지역 모두 명주군에 속했으나 1995년 강릉시와 명주군이 통합하면서 강릉시

바다와 매우 가깝게
자동차길이 나 있는 헌화로.

에 편입되었다. 통합 이듬해인 1996년 3월부터 시작된 해안도로 조성 공사는 1998년 11월에 완공되었다. 이후 2001년 심곡항에서 정동진항까지 구간이 연장되면서 헌화로는 더 길어졌다. 금진-심곡 구간은 해안도로지만 심곡-정동진 구간은 해안을 끼고 있지 않다.

헌화로는 해안단구 절벽을 따라 도로가 형성되어 주변이 절경이다. 지형을 그대로 이용해 조성한 구불구불한 도로를 따라 철제 난간을 설치했지만 풍랑이 거셀 때는 바닷물이 넘어오기도 해 도로가 폐쇄된다. 헌화로를 지나며 아름다운 수로부인과 절벽 위의 척촉화, 소를 끌고 가는 노인을 상상해본다. 설화의 시간만큼 아득한 옛이야기를 풀어놓는 길이라는 이유만으로도 헌화로는 제몫을 다하고 있는 것 같다.

거친 파도를 발밑으로 만나는
바다부채길

          금진-심곡 구간 헌화로와 이어지는 심곡-정동진 구간 바다부채길 2.8킬로미터는 강릉이 자랑하는 해안단구 지형을 가장 가까이서 볼 수 있어 트레킹 코스로 인기다.

    천연기념물로 지정된 해안단구 지역인 데다 해안경계를 위한 군 시설들이 군데군데 위치해 민간에 공개되지 않던 바다부채길은 2016년 개방되었다. 아찔한 절벽과 기암괴석 등 꼭꼭 숨어 있던 2300만 년 전의 비경이 드러나자 삽시간에 입소문을 타고 관광객이 몰려들었다. 출발점이자 종착점인 심곡이 부산해졌다. 또 다른 출발점이자 종착점인 정동진은 원체 관광객들로 북적이던 곳이지만 심곡은 헌화로의 경유지 정도로만 알려진 시골 마을이었다.

    심곡리는 산성우리와 동해를 낀 포구 마을로 옥계면 금진리와 강동면 정동진리에 접해 있다. 간혹 특산물인 미역과 누덕나물을 사러 들어오는 사람 말고는 인적이 드문 외진 곳이었다. 가공처리 없이 전통방식으로 생산되는 심곡 미역은 귀한 식재료로 알려져 있고, 고리매라는 해초를 채취해 돌김이나 파래와 섞어 말린 누덕나물은 들기름을 발라 구우면 고소한 맛이 김보다 좋아 인기다. 조용하고 평화로웠던 마을에 해안도로가 생기고 헌화로가 연결되면서 심곡이라는 이름이 세상 밖으로 알려졌는데 바다부채길이 열리면서 관광어촌이 되었다.

해안단구와 바다가 맞닿은 지역에 길을 내기는 쉽지 않았다. 군사적, 자연지리학적 의미가 있는 곳이어서 국방부와 문화재청의 허가를 얻는 데 긴 시간이 필요했다. 낭떠러지 밑 너덜겅 같은 해안에 인공구조물을 세우고 길을 만드는 일도 난공사였다. 풍랑이 심한 날에는 공사를 아예 못했다.

온갖 어려움을 무릅쓰고 완성한 바다부채길은 일반적인 길과는 사뭇 다르다. 처음부터 끝까지 목재와 강재들로 이루어진, 떠 있는 길이다. 차단벽이 없는 그 길에서는 건강한 갯내를 온몸으로 느끼며 자연의 신비함을 경험할 수 있다.

바람이 흩어지는 날이면 거칠어진 파도가 발밑까지 몰려와 춤을 춘다. 잠깐 걸음을 멈추면 먼바다 소식을 발밑에다 풀어놓는 파도를 관찰하는 경이로움을 고스란히 맛볼 수 있다. 바람이 모이는 날이면 동해의 다른 해안에서는 경험할 수 없는 몽돌이 파도에 구르는 소리를 또렷이 들을 수 있다. 또르륵 또르륵, 꺄르륵 꺄르륵, 참 재밌는 소리다. 하얀 비단을 길게 펼쳐놓은 듯 곱고 깨끗한 백사장을 자랑하는 강릉의 여느 해안과 달리 바다부채길에서 보는 해안은 온통 자갈과 암석이다.

해안단구의 가파른 절벽에는 소나무들이 뿌리 내렸다. 암벽과 강한 바닷바람을 정면으로 맞아야 하는 척박한 환경에서 굳건히 생명을 이어가고 있다. 그 아래서 꽃을 피운 해당화가 붉은 향기로 갯내를 이겨 벌과 나비를 부른다.

사람들은 길에 뒹구는 돌을 보면 그냥 지나치지 못하고 쌓는다. 쌓으면서 한 가지씩 소원을 함께 얹는다. 그래서 산길에서도 냇가에서도 시골 마을 어귀에서도 돌탑을 볼 수 있다. 바다부채길에도 돌탑이 있다. 통행에 불편을 주니 돌탑을 쌓지 말라는 안내표지판까지 설치했지만 돌탑은 사라지지 않는다. 누군가의 복을 기원하는 탐방객의 돌쌓기와 관리자의 실랑이는 계속될 것 같다.

어머니의 마음이 3000개 돌탑으로 쌓이다

모정탑길

노추산은 강릉시 왕산면과 정선군 북면 사이에 있는 1322미터 높이의 산이다. 신라시대의 설총(655~?)과 조선시대의 이이(1536~1584)가 이 산에서 학문을 닦았다고 전해져 중국 노나라의 공자와 추나라의 맹자에 견주어 노추산이라고 이름 붙였다. 정상 바로 아래 있는 이성대에 설총과 이이의 위패와 영정이 모셔져 있다.

노추산에서 서쪽 방면으로 뻗은 산줄기가 끝나는 왕산면 대기3리에 배나들이 마을이 있다. 닭목이와 용수골에서 흘러온 물이 송천과 합쳐지는 곳이다. 이 물은 정선군 여량리의 아우라지로 흐른다.

모정탑길에 들어가려면 이 배나들이에서 노추산 쪽으로 소나무 숲길을 걷게 된다. 양옆으로 돌탑들이 늘어선 진입로를 걷다 보면 왼편으로 작은 계곡을 만나는데, 여기서부터 실제로 모정탑길이 시작된다. 1킬로미터도 안 되는 길에 3000여 개의 크고 작은 돌탑이 즐비하다. 계곡 옆 산길이 온통 돌탑이다. 편안한 높이의 고만고만한 돌탑들이 키재기 하듯 도열해 있다.

이 돌탑에는 한 여인의 파란 많은 삶이 담겨 있다. 차순옥은 결혼 후 사남매를 두었으나 아들 둘을 잃고 남편은 정신질환을 앓는 등 집안에 우환이 끊이지 않았다. 어느 날 꿈에 나타난 산신령이 돌탑 3000개를 쌓으면 집안이 평안해질 것이라는 계시를 내린다. 심리적, 육체적으로 막다른 곳까지 몰린 그녀는 산신령의 현몽에 의지하기로 결정하고 노추산 계곡에 돌탑을 쌓기 시작했다. 1986년의 일이다. 계곡 옆에 임시 거주할 움막을 지은 그녀는 2011년 66세의 나이로 생을 마감하기 전까지 무려 26년간 돌탑을 쌓았다.

어머니의 마음이 차곡차곡 쌓인 탑이라는 사실이 알려지자 사람들이 모정탑길을 찾기 시작했다. 이에 맞춰 2013년 6월부터 왕산면 대기리에서는 마을가꾸기 사업을 통해 힐링 체험장과 돌탑 체험장을 조성하고 관리동을 설치하는 등 노추산 모정탑길을 정비했다. 그해 10월 18일에는 노추산 모정탑길 준공식을 가졌다.

이렇게 모정탑길은 강릉의 새로운 문화관광자원이 되었다. 돌탑만으로도 볼거리가 되는데 절절한 사랑을 실천한 한 여인의 사연까지 더해지니 그 이야기를 공유하려는 사람들이 무리 지어 찾아왔다. 2016년 산림청은 노추산 모정탑길을 국가산림문화자산으로 지정했다.

　모정탑길이라는 이름이 아직 붙지 않았던 여러 해 전, 단풍이 떨어져 산길이 온통 낙엽을 뒤집어쓴 10월 하순의 쓸쓸한 오후였다. 가벼운 산책을 나섰는데 길에는 사람이 많지 않았다. 떨켜로부터 분리되지 못한 나뭇잎들이 대롱거리며 몸을 떨고 있는 계곡 사이로 아주머니 한 분이 탑들 사이에 또 다른 탑을 쌓고 있었다. 탑이 빼곡히 들어찬 계곡 길을 따라가니 돌탑을 담장처럼 두른 움막이 보였다. 통나무로 기둥을 세우고 비닐로 벽을 엮은 엉성한 움막에는 온돌방과 세간이 있었다. 인적 없는 계곡의 초라한 움막에 기거하며 쉴 새 없이 돌탑을 쌓던 그 아주머니가 바로 차순옥이었다.

　돌탑 3000개를 쌓아온 세월 동안 그 가족들은 무탈했을까?

돌탑 3000개가 쌓여 있는 모정탑길.

사연을 알게 된 사람들 역시 그 가족의 행복을 기원했을 테니, 중구삭금이라고 그 정성이 하늘에 닿았을 것이라 믿는다.

숲길은 언제나 좋지만 모정탑길은 특히 가을 단풍이 아름답다. 자연이 채색할 수 있는 가장 예쁜 빛깔의 단풍이 계곡 깊숙이 들어찬다. 그러면 돌탑은 겨울 채비를 서두른다. 곧 산속은 회색 돌탑과 돌탑을 덮은 눈으로 고요할 것이고, 굄돌 사이의 빈틈은 적막감과 물소리로 채워질 것이다.

친구 같은 도심 속의 산

화부산 · 월대산 · 모산봉

도심 산은 친구 같다. 사람들 가까이 있어 여러 가지 이야기를 품는다. 강릉의 도심에 있는 산들은 백두대간에서 가지를 뻗은 낙맥의 끝자락에 해당한다. 사람들은 낮은 산을 울타리 삼아 집을 짓고 땅을 일구며 살아왔다.

서쪽으로 둘러친 실루엣만으로도 경외감이 생기는 여러 준령과는 다른 친근함 때문인지 도심 산은 이름도 친화적이다. 높은 고갯길은 대관령 · 선자령 · 삽당령과 같이 무뚝뚝한 이름으로 불렸던 반면, 도심 산은 화부산 · 월대산 · 모산봉 등 사람의 생활과 관련해 의미화된 이름으로 불렀다.

도심 산은 봄이면 가까이서 꽃을 피워 사람들을 위로하기도 한다. 고개 들면 문득 보게 되는 분홍 진달래꽃은 봄의 전령이 우리의 마음을 다독여주기 위해 산을 빌려 펼쳐놓은 축제 같다.

화부산

'화부산 봄꽃 피니 아름다워라.'로 시작하는 노랫말이 있다. 강릉여자고등학교의 교가다. 강릉여자고등학교는 1940년 화부산 자락에 있는 강릉향교에서 개교해 얼마 지나지 않아 옥천동으로 자리를 옮겼다. 학교의 역사를 알고 나면 교가의 한 구절에 화부산이라는 가사가 느닷없지 않다.

화부산은 꽃이 많아 멀리서 보면 마치 꽃이 산 위에 떠 있는 것처럼 보인다고 해서 꽃화(花), 뜰부(浮) 자를 써서 지은 이름이다. 꽃이 둥둥 떠 있을 정도가 되려면 산 전체에 꽃나무들이 무척 많아야 한다. 멀리서도 꽃을 식별할 수 있을 정도가 되려면 봄볕을 받아 붉게 핀 진달래꽃이 제격이다. 키가 큰 산벚나무꽃일 수도 있다. 온통 꽃으로 뒤덮였을 화부산이지만 지금은 산의 생태가 많이 달라져 어떤 꽃으로도 산을 가득 덮지는 못한다. 4월이 되면 산허리로 피는 벚꽃이 그나마 이름값을 한다.

화부산은 교2동 마을 한가운데 있다. 원래는 원뎅이재에서 내려온 줄기가 초당을 거쳐 경포까지 이어지는 강릉의 주산이었다. 사이사이 마을을 잇는 언덕 정도의 고개는 있었으나 하나로 연결된 산줄기였다. 그러나 대로가 생기고 마을이 들어서면서 산줄기가 끊어지기를 반복해 지금은 화부산이라고 하면 강릉향교 뒷산을 일컫는 뜻이 되었다.

화부산은 도심 중앙에 자리잡은 높이 67.9미터의 낮고 아담한 산이지만 소나무와 잡목들이 우거져 숲이 제법 울창하다. 넓지도 않은 산을 산책로와 산림욕 공간으로 내어주는 후덕함까지 갖춰 이름만큼 아름답다.

산 중턱에 남향을 한 강릉향교가 있고 그 서쪽으로는 계련당과 향현사가 있다. 계련당은 과거에 합격한 사람들이 모여 고장의 현안을 논의하며 우의를 다지던 곳이다. 과거제도 폐지와 함께 명맥을 유지할 명분도 잃었지만 아직까지 그 후손들이 관리하고 있다. 향현사는 조선시대 강릉 향현 12명을 배향한 사당이다. 최치운, 최응현, 박수량, 박공달, 최수성, 최운우, 최수, 이성무, 김담, 박억추, 김윤신, 김열 등 강릉 지역민들의 추앙을 받아온 인물들이 점진적으로 배향되었다. 다른 곳에 있다가 소실된 것을 후손들이 화부산 자락에 다시 세웠다.

월대산

입암동과 두산동의 경계 지역에 있는, 강릉의 사주산 가운데 하나다. 멀리서 보면 높이 솟은 달이 산허리에 걸린 것처럼 보인다 하여 월대산이라는 이름이 붙었다. 월정산이라고도 부른다.

소나무, 대나무, 아까시나무, 밤나무 등이 울창하게 우거진 월대산은 도시 전체로 보면 도심에서 조금 떨어진 외곽에 위치한다. 입암동 쪽과 두산동 쪽에서 진입할 수 있는데, 전자는 데크 계단으로 시작되고 후자는 포장도로로 시작된다. 산 중턱으로 둘레길이 연결되어 가볍게 산책하기에도 좋다.

높이가 69미터로 높은 편이 아니지만 정상에는 봉수대 터가 남아 있고 그 주위로 축대를 쌓았던 바위들이 흩어져 있다. 정상 주변에서는 자작나무 여러 그루가 자란다.

봉수대 옆 전망대에서는 저 멀리 하늘과 맞닿은 백두대간 능선과 그 산을 관통하는 영동고속도로의 흰 다릿발이 시야에 들어온다. 강릉 시내도 한눈에 굽어볼 수 있다. 강릉의 명산이라고 일컬어졌던 월대산의 진면목이 여기에 있다.

모산봉

강릉의 사주산 가운데 하나로 강남동에 있다. 산 모양이 어린아이를 업은 어머니 모습 같다고 붙여진 이름인 모산봉 외에도 밥그릇을 엎어놓은 것 같다고 밥봉, 추수를 끝내고 쌓아놓은 노적가리 모양과 닮았다고 노적봉이라고도 부른다. 이 산 덕분에 인재가 많이 난다고 문필봉이라고도 한다. 문필봉과 관련된 이야기는 조선시대를 지나 현재까지 연결된다.

조선 중종 때 강릉부사로 있던 한급은 강릉에 인재가 많이 나는 이유가 강릉의 안산이자 명산인 모산봉의 정기 때문이라고 생각했다. 인재를 두려워한 그는 모란봉의 정상을 낮추기 위해 1미터를 깎아냈다. 일제강점기에는 일본이 한국의 정기를 약화시키기 위해 산에 철주를 박았다고 한다.

21세기에 접어들어 주민들은 모산봉의 명성을 되찾기 위해 봉우리를 1미터 높이기로 했다. 봉우리 높이기 운동을 시작한 지 여섯 달이 지난 2005년 12월 강남동 주민들과 학생, 장병 1200여 명이 산 아래부터 꼭대기까지 일렬로 늘어서 흙자루를 날라 준공했다. 연 10만여 명이 참여해 15톤 트럭 10여 대 분량의 흙을 투입했다고 한다. 마을 주민들이 의기투합해 산의 정기를 되찾고자 한 결과 모산봉은 예전의 높이를 되찾았다. 한 개인의 무도한 집념을 제자리로 돌려놓는 데 자그마치 500년이 걸린 셈이다.

105미터 높이의 모산봉은 산세가 험하거나 가파르지 않다. 평상시에는 등산로 또는 체력단련 공간이 되고 쉬엄쉬엄 산책하는 사유의 공간으로도 활용된다. 날씨 좋은 날 정상 부근의 전망대에 서면 바다가 보이므로 새해 첫날 해맞이 장소로 찾는 이들도 있다. 모산봉은 산 높이를 더 이상 키우지 않겠지만 오고간 사람들의 이야기는 켜를 만들어 수북이 쌓여갈 것이다.

회복된 생태가 꽃을 피우다

경포가시연습지

해풍이 기분 좋게 헤실거리는 봄부터 경포는 사람들의 놀이터가 된다. 십 리가 조금 넘는 호수 둘레 길에는 산책하는 사람, 달리는 사람, 자전거 타는 사람 등등 경포호의 정취를 즐기려는 사람들의 발길이 끊임없이 이어진다. 이 발길은 자연스럽게 호수 주변에 조성된 경포가시연습지에 닿는다. 습지에서는 이것저것 관찰하는 재미가 쏠쏠하다. 호수 가장자리에서는 세상 편한 자세로 가지를 수면 가까이 늘어뜨린 수양벚나무가 제일 먼저 꽃을 피워 봄을 알린다. 연밭에선 홍련, 백련의 귀여운 연녹색 잎들이 정찰대처럼 살며시 수면 위를 두리번거린다. 이어서 습지식물 마름이 작은 마름모꼴 얼굴을 내민다. 그러나 가시연은 도무지 기척이 없다. 제 이름을 건 습지건만 습지식물 중에서는 가장 늦게 얼굴을 내민다. 경포를 찾은 사람들이 가시연이 싹텄는지 여러 차례 채근하면 그제야 귀찮은 듯 떡잎을 수면 위로 올린다.

가시연은 환경부가 멸종위기 야생식물 2급으로 지정해 보호하는 식물이다. 1년생 수생식물로 줄기, 잎, 꽃 등 식물 전체에 가시가 돋아 그런 이름을 얻었다. 씨앗에서는 하트 모양 같기도 하고 화살 모양 같기도 한 떡잎이 맨 먼저 올라온다. 한참 뒤에 온몸에 촘촘히 가시를 단 채 잔뜩 웅크린 잎이 수면 위로 서서히 펼쳐지고 점점 몸집을 불려 나간다. 가시연 잎은 지름이 최대 2미터까지 자란다고 한다. 크기로는 우리나라 자생식물 중 단연코 1등을 차지할 규모다. 한참 더운 7~8월에 꽃대가 자라서 그 끝에 밝은 자주색 꽃이 핀다.

개화 시기가 이렇듯 늦으니 연밭에서 가시연 보기가 쉽지 않다. 일찍부터 줄기를 올리고 잎까지 수면 위로 펼친 연이 기운을 북돋워 밭을 점령하기 때문이다. 늦게 싹튼 가시연이 겨우 비집고 올라와 나머지 공간에 어찌어찌 떡잎을 펼쳐놓는다

가시연 잎이 수면에 펼쳐지는 모습.

해도 연꽃의 위세를 누를 길은 없다. 사람 얼굴보다 큰 연잎에 가려 주눅 들기 십상이다.

원래 경포 호수는 지금보다 훨씬 컸다고 한다. 지변동(池邊洞)이나 선교장(船橋莊) 같은 주변 지명을 통해 그 규모를 가늠할 수 있다. 그런데 일부를 매립해 농경지로 확충하면서 경포호의 생태계에도 일대 변화가 있었던 모양이다. 50여 년 전 이곳에 가시연이 살았으나 사라진 지 오래되었다가 습지를 조성하자 거짓말처럼 다시 꽃을 피웠다고 한다. 습지 조성으로 흙속에 오래 묻혀 있던 매토종자가 자연발아된 것이다. 연실이 천년 뒤에도 싹을 낸다고 하더니 허언은 아니었던 모양이다.

꽃 자체로 보자면 가시연의 좁고 오붓한 생김보다는 연꽃의 화려하고 우아한 모양이 사람들의 시선을 더 끄는 것이 사실이다. 그러나 연꽃은 어디를 가도 볼 수 있을 만큼 일반화되어 귀함이 사라진 지 오래다. 반면 가시연은 생김부터가 다르다. 고요하고 귀한 멋이 있다. 그래서인지 강릉시에서는 개체수가 훨씬 많은 연꽃을 제쳐두고 가시연을 특화해 습지 이름을 '가시연습지'라 지었다. 같은 연이지만 이름도 다르고 모습도 다르고 생태도 다른 두 꽃을 차별화해 주목도를 높인 것이다.

주돈이의 〈애련설(愛蓮說)〉*은 모르더라도 연꽃을 좋아하는 사람은 많다. '멀수록 더욱 향기가 맑다.'는 향원익청(香遠益

* 중국 북송시대의 유학자인 주돈이가 연꽃을 칭송한 글. 연꽃을 군자에 비유하며 자신은 군자를 사랑하기 때문에 연꽃을 사랑한다고 썼다.

淸)의 멋이 이 글에 나온다. 연밭 가까이 서면 연꽃의 맑은 향
기를 사랑했던 주돈이와 이심전심이 되는 데 그리 오래 걸리
지 않는다. 연꽃은 생김이나 크기로 봐서는 짙은 향기를 풍길
것 같지만 막상 그렇지도 않다. 꽃잎 가까이에서 향기를 탐하
면 그리 매력적이라고 느낄 수 없는 향기가 난다. 그러나 조금
떨어져 있으면 스치듯 잔잔하고 겸손한, 맑은 향기가 날아다닌
다. 욕심을 낼 수 없는 아련한 향기다.

　한여름 경포가시연습지에서 연꽃과 줄기 모양을 형상화한
데크를 따라 걷자니, 연꽃으로 빼곡한 연밭에 작은 배 하나도
띄우지 못하겠는데 문득 난설헌의 시 〈채련곡(연밥 따는 노래)〉
이 입에 물린다.

　　맑은 가을 긴 호수 옥처럼 푸른데
　　연꽃 깊숙한 곳에 꽃배를 매어두었네.
　　님 만나 물 건너로 연밥 따서 던지고
　　행여 누가 보았을까 반나절 부끄러웠네.

　가시연습지에는 연과 가시연만 사는 게 아니다. 갈대, 흑삼
릉, 개구리밥, 부들, 생이가래, 이삭물수세미, 낙지다리, 노랑어
리연, 마름, 수련, 가래, 질경이택사, 참통발 등 다양한 수생식
물이 자란다. 수생식물은 습지의 물을 맑게 하고 양을 일정하
게 유지시키며, 습지에 다양한 동물이 깃들어 살 수 있는 보금

자리를 제공한다. 이곳에는 개개비, 고니, 왜가리, 물닭, 황조롱이, 원앙, 저어새 등의 조류와 삵, 족제비, 너구리, 수달, 두더지 같은 포유류도 서식한다. 이처럼 다양한 생물종이 어울려 살아가는 습지는 대표적인 생태학습의 장이기도 하다. 선비들의 풍류지로 유명했던 경포가 지금도 그 명성을 유지해갈 수 있는 데는 뛰어난 풍광과 더불어 습지 같은 훌륭한 생태적 환경도 한몫을 했다.

강릉시는 시민사회와 손잡고 가시연습지의 생태환경을 지속적으로 보존하기 위해 노력하고 있다. 호수 곳곳의 수심을 다르게 조성해 다양한 서식환경을 만들고, 지피식물을 인위적으로 도입하기보다 자연천이가 이루어지도록 도우며, 습지 전체 면적의 60퍼센트 이상을 생물을 위한 공간으로 묶어 사람들의 접근을 막고 있다.

가시연습지 옆 경포천 건너편에는 강릉 녹색도시체험센터, 일명 이젠(e-zen)이 있다. 이 건물은 태양열, 지열 등을 이용해 에너지를 자체적으로 생산, 소비한다. '저탄소 녹색체험 도시'라는 강릉시의 슬로건을 구현해가는 시설이다. 방문객은 이곳에서 숙박하며 이젠의 초록 시스템을 견학하고 친환경 에너지 관련 체험 프로그램에 참여할 수 있다. 자연생태 복원이라는 가치를 실현한 가시연습지, 그리고 녹색도시로의 지향을 구체화한 '이젠'은 우리 삶이 자연 속에서 비로소 온전해질 수 있음을 존재만으로 거듭 알려준다.

자연을 배우고 몸과 마음을 쉬게 하는
휴양림과 수목원

피톤치드는 식물이 만들어내는 살균성을 가진 물질이다. 경관, 음이온, 소리, 햇빛 등과 함께 인체에 유익한 물질로 면역력을 향상시킨다고 알려져 있다. 그동안 편백나무에 피톤치드가 많다고 알려졌으나 산림청에서 소나무, 잣나무, 낙엽송에서 배출되는 피톤치드를 포집한 결과 오히려 편백나무보다 양이 많았다. 특히 소나무가 편백나무보다 월등히 많은 피톤치드를 생성했는데 여름 오후 시간에 가장 많다고 한다.

강릉에서는 소나무가 뿜어내는 피톤치드를 욕심껏 탐할 수 있다. 붉은색이 돋보이는 곧은 외용뿐 아니라 내면도 꽉 찬, 존재 자체로 치유가 되는 소나무를 휴양림과 수목원 등에서 만날 수 있다.

국립대관령자연휴양림

산 첩첩한 대관령 기슭에 천혜의 자연공간이 있다. 1988년 자연휴양림으로는 전국에서 가장 먼저 조성된 국립대관령자연 휴양림이다. 울창한 소나무 숲과 물소리 청량한 계곡이 어우러져 속기라고는 다 떨어낸 듯한 곳이다. 휴양림 입구에 들어서는 순간 체감온도가 쑥 내려간다.

대관령자연휴양림은 금강송이 아름다운 곳으로 유명하다. 1922년에서 1928년까지 직파한 소나무 씨가 발아해 무성하게 숲을 이루었다. 소나무들이 크고 곧게 자라 문화재 복원 때 사용할 문화재용 목재 생산림으로 지정되기도 했다. 키 작은 활엽수들과 비탈을 조화롭게 나누어 쓰는 소나무는 군락을 이룸으로써 다른 나무들이 흉내 낼 수 없는 아취를 보여준다.

이곳은 연립동인 숲속의 집과 산림문화휴양관에 37개의 객실을 갖추고 있으며 솔고개 너머로 33개의 야영장도 있다. 숲속의 집은 객실명을 동물 이름으로 짓고 산림문화휴양관은 나무 이름으로 지어 자연친화적인 느낌을 준다. 산림문화휴양관 주위로 잔디광장과 숲속교실이 있고 숲 체험로, 야생화 정원, 황토 초가집, 물레방아, 숯가마 등 산림 속에서 자연을 학습할 수 있는 공간이 별도로 마련되었다.

휴양림에는 몇 개의 숲길 코스가 있다. 그중 가장 긴 것은 금바위폭포, 한쉼터, 노루목이, 다래터, 도둑재, 금강송정을 한 바퀴 둘러 올 수 있는 코스로 총길이 4.12킬로미터에 이른다.

제법 물살이 센 계곡을 가로지른 다리를 건너 숲속으로 들어서
면 부엽토가 거름이 되어 다져진 산길로 이어진다. 수량이 많
은 작은 폭포를 만나고 가파른 돌계단도 지난다. 정상인 도둑
재를 넘어 금강송정까지, 온 산이 붉은 표피와 훤칠한 키가 일
품인 금강송들로 빼곡하다.

숲은 꽤 외진 편이어서 서식하는 야생동물의 개체수가 많
은 것처럼 보인다. 산길을 걷다 보면 심심치 않게 멧돼지가 헤
집어놓은 흔적과 마주하게 된다. 진흙 목욕을 한 것인지 열매
나 벌레를 잡아먹은 것인지 알 수 없지만, 두툼한 가랑잎더미
를 들춰내고 신나게 놀았을 것 같은 흔적들이 곳곳에 남아 있
어 살짝 긴장하게 된다.

휴양림에서는 숲해설사가 진행하는 프로그램에 참여해 숲
에 대한 이야기를 들을 수 있다. 숯 가마터에서는 전통방식으
로 참나무 숯을 굽는 체험행사가 진행되기도 한다.

강릉솔향수목원

잠깐 짬을 내어 산길을 걸을 수 있는 곳이 강릉솔향수목원
이다. 콘크리트와 아스팔트, 자동차 매연이 일상이 된 생활에
서 잠깐만 비껴나면 만날 수 있는 청정한 숲, 솔향수목원은 강
릉시에서 관리한다. 솔향수목원은 금강소나무가 자라는 천연
숲을 활용해 만들었다. 이름처럼 소나무가 빽빽한 산림 속에
조성되어 절로 건강해지는 느낌을 받을 수 있다. 제법 폭이 넓

은 계곡도 있고 부담스럽지 않을 만큼의 경사를 이룬 등산로도 있어 한나절 숲속에서 여유로운 시간을 보내기에 좋다.

2013년 10월 개원한 솔향수목원은 약 78만5000제곱미터 면적에 관목원, 난대식물원, 비비추원, 사계정원, 수국원, 암석원, 약용식물원, 염료식물원, 원추리원, 창포원, 천년숨결 치유의 길, 철쭉원, 하늘정원 등을 갖추고 있다. 개원 당시 총 1127종 22만 본의 식물이 식재되었다. 식재된 수목들이 토착화할 만큼 역사가 길지는 않지만 소나무 향기를 욕심껏 취할 수 있는 곳이다.

천년숨결 치유의 길은 4010제곱미터 면적에 자생 금강송과 더불어 주목, 서양측백 등 총 570본의 식재목으로 조성되었다. 줄기가 곧고 붉은 금강송, 살아 천년 죽어 천년이라는 수식어가 어울리는 주목, 피톤치드를 많이 발산한다는 서양측백이 촘촘해 산림을 통해 면역력을 높이고 스트레스를 줄일 수 있다. 조금 더 오르면 수목원에서 가장 높은 하늘정원에 이른다. 데크에 서면 확 트인 시야에 강릉 시가지 모습과 동해가 담긴다.

수목원은 천연 숲속에 마련된 공간이지만 계곡에 돌을 쌓고 숲길에 데크를 설치하는 등 인공 구조물을 가미했다. 수목원이 자연생태를 관찰하는 학습의 장이기도 하지만 편안히 휴식을 취하기 위한 공간이기도 하기 때문이다.

국립대관령치유의숲

대관령옛길 입구 건너, 오봉산에서 제왕산 가는 능선 아래쪽에 2016년 9월 개관한 국립대관령치유의숲이 있다. 강릉의 자연을 있는 그대로 향유하는 치유의숲에서는 소나무가 우거진 산림 속에서 인체의 면역력을 강화할 수 있는 다양한 프로그램을 운영한다. 치유센터에는 건강측정실, 치유체험실, 강의실 등의 시설이 마련돼 있고 체험시설로는 구역별로 솔향기터, 치유 평상, 치유 움막, 금강송 전망대 등이 있다.

치유의숲에는 일곱 개의 숲길과 무장애 데크로드가 있다. 센터 주위로 데크 등산로가 산림과 연결되고, 데크를 벗어나면 완만하거나 가파른 흙길로 접근할 수 있어 자신의 체력에 맞게 선택할 수 있다. 가장 쉽게 접근할 수 있는 곳이 금강송 전망대다. 주위를 금강송이 에워싸고 있는 전망대에서 서쪽을 조망하면 대관령 산줄기가 겹겹이 펼쳐진다. 이곳에서는 풍욕을 즐길 수 있다.

치유의숲에서 운영하는 여러 프로그램은 예약을 통해 참가할 수 있다. 산림치유 프로그램에 참가하면 자율신경 활성도와 균형, 스트레스 지수와 저항도, 피로도 등을 측정해준다. 프로그램 참여 전과 후에 어떤 변화가 있었는지 비교할 수 있다.

숲에는 1920년대 직파했다는 수령 100살에 가까운 금강송이 곱고 매끄러운 피부와 곧은 각선미를 자랑하며 우뚝하다. 그 사이로 느티나무, 피나무, 다래넝쿨 등이 어우러져 녹음이 더욱 풍성하다. 이 길을 걸으면 숲에서 나는 향기, 소리, 경관 등 산림을 구성하고 있는 다양한 환경에 우리 몸이 노출되었을 때 어떤 반응이 일어나는지를 스스로 느껴볼 수 있다.

강릉의
민속과 풍속

신과 인간이 만나는 공간
강릉단오제

　　　　　　　해마다 음력 5월 5일 전후가 되면 강릉
남대천은 사람들로 북새통이다. 강릉 시민 모두가 단오장을 다
녀간다고 해도 과언이 아닐 정도다. 딱히 무얼 살 생각도 없어
보이는데 길게 늘어선 장터를 기웃거린다. 빼곡하게 늘어선 난
장에 의미 없는 시선을 얹어보는 것이다.

　단오가 되면 강릉 사람들은 단오장으로 간다. 누가 등 떠밀
어 강요한 것이 아니다. 축제의 시작을 알리는 축포 소리가 강
요라면 강요일 터. 굳이 이유를 찾자면 '궁금해서'다. 궁금해서
강릉 사람들은 습관처럼 단오장에 간다.

　월화교부터 잠수교, 노암교, 창포다리를 지나 임시 설치한
섶다리까지, 남대천 물길 양쪽으로 하얀 몽골 텐트가 줄을 맞
춰 길게 들어선다. 남대천 남쪽 변이자 강릉단오제전수교육관
과 통하는 중심부에는 종합안내소와 아리마당 · 수리마당 공연
장, 만남의 광장, 그네장 · 씨름장 · 투호장 등의 전통놀이 마당,

창포 머리감기 · 수리취떡 맛보기 · 단오신주 맛보기 · 관노탈 그리기 · 단오부채 그리기 등의 강릉단오 체험장이 있다. 그 위 아래로는 먹거리촌, 놀이기구, 난장 등이 열을 맞춰 성업한다. 내 건너로는 홍보 부스를 비롯해 건강식품, 주방용품, 의류, 이불 등을 판매하는 난장이 줄지어 있다.

사람들에 떠밀리다시피 행사장을 돌고 나면 서쪽 맨 끝 지점에서 굿당을 발견할 수 있다. 강릉단오제의 구심점인 굿당은 단오장의 중심에 있지 않고 늘 서쪽으로 비껴 있다. 대관령과 가장 가까운 지점이다. 굿당 앞에서는 호개등*이 바람에 펄럭인다. 호개등은 굿당의 상징처럼 단오굿이 마무리될 때까지 그 자리를 지킨다.

강릉단오제는 대관령국사서낭과 국사여서낭을 함께 모시고, 그들이 생산해내는 생생력(生生力)에 기대 강릉 사람들의 안전과 풍농, 풍어를 기원하는 향토신제다. 두 신이 주석한 굿당은 단오제의 중심일 수밖에 없다.

굿당은 굿을 하는 무녀들과 무악을 담당하는 악사, 소지를 올려 소원을 비는 사람과 굿을 구경하기 위해 몰려든 사람들로 연일 만원이다. 이곳에서는 문굿, 청좌굿, 축원굿, 부정굿, 하회 동참굿, 조상굿, 세존굿, 중잡이굿, 군웅장수굿, 성주굿, 심청굿, 지탈굿, 지신굿, 손님굿, 산신굿, 천왕굿, 제면굿, 칠성굿, 용왕

---

* 하늘을 덮는 등불이라는 뜻으로 단오제 기간 내내 굿당 밖에 높이 매달아둔다. 호개등을 타고 신이 하늘과 단오장을 오르내린다고 한다.

굿, 꽃노래굿, 뱃노래굿, 등노래굿, 환우굿 등이 장장 5일 동안 펼쳐진다.

굿은 각각의 거리가 대서사에 가까워 이야기 전개에 몰입한 사람들은 금세 자리를 털고 일어서기가 어렵다. 더구나 무녀가 흥을 돋우기 위해 중간중간 우스갯소리도 하고 노랫가락도 부르니 구경하는 재미가 쏠쏠하다. 굿 구경을 즐기는 사람은 무녀의 표정과 사설, 춤사위를 가까이 볼 수 있는 자리를 사수한다.

예전에는 굿당에서 밤을 보내는 사람들도 많았다. 다음날에도 계속될 굿 구경을 놓칠 수 없어 차마 굿당을 뜨지 못한 것이다. 이들을 위해 굿당에 이부자리를 마련해두기도 했다. 굿 구경이 얼마나 좋았던지 꼬깃꼬깃 접어 고쟁이 주머니 속에 쟁여두었던 쌈짓돈을 꺼내 기꺼이 시주함에 넣는 할머니도 많았다. 자녀들이 단오 구경 때 쓰라며 준 용돈일 수도 있고, 푸성귀를 내다 팔아 마련한 생활비일 수도 있다.

강릉단오제는 대관령산신제와 대관령국사서낭제, 대관령국사여서낭제에 쓰일 신주를 빚는 일에서부터 시작된다. 강릉부사가 신주로 사용할 쌀과 누룩을 내렸다는 전통에 따라 강릉시장이 내린 재료로 칠사당에서 빚는다. 예전에는 음력 3월 20일에 빚었으나 지금은 음력 4월 5일에 한다.

제에 쓰이는 신주와 별도로 요즘은 강릉 시민들이 십시일반 봉헌한 헌미로 술을 빚어 단오제 기간 내내 행사장을 찾은

선교장 내 솟을대문에 걸려 있는 '선교유거(仙嶠幽居)' 현판.
신선이 머무는 그윽한 집이라는 의미다.

활래정.
연못 위로 반쯤 떠 있는 모양이라
더욱 아름답고 고풍스럽게 느껴진다.

달라지고 있는 명주동 구도심의 풍경.
'봉봉방앗간'은 방앗간이 아니라 카페다.

우리나라 간이역 중 바다와 가장 가깝다는 정동진역.

강릉을 대표하는 역사 공간이자 건축사적으로도 가치가 높은 오죽헌.
매년 80만~90만 명이 다녀간다.

정동심에서 심곡항까지
해안 나구를 끼고 조성된 바다부채길은
인기 있는 해안 트레킹 코스다.

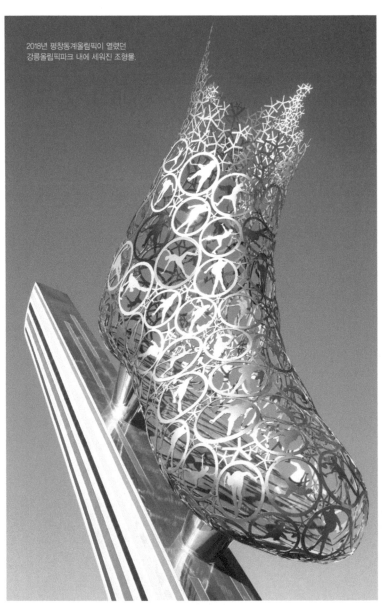

2018년 평창동계올림픽이 열렸던
강릉올림픽파크 내에 세워진 조형물.

사람들이 음복할 수 있도록 신주 나누기 행사를 한다. 비록 칠 사당에서 빚은 것은 아니지만 인기가 좋아 단오 기간 내내 신주를 시음하기 위한 줄이 길게 늘어선다.

대관령산신제와 대관령국사서낭제가 유교식 절차에 따라 치러지고 나면, 무녀와 악사 일행 그리고 신목잡이가 산신당 뒤에 있는 산정으로 올라가 서낭신이 강림한 신목을 베어 온다. 단오제의 신목은 단풍나무다. 이 신목은 구산서낭제, 학산서낭제를 거쳐 홍제동 국사여서낭사에 합사되었다가, 영신제 때 단오제가 열리는 가설 굿당으로 옮겨 송신제 때까지 모신다. 가설 굿당에 모셔진 신은 무녀들의 위무를 받으며 강릉시의 평안을 보장하고 풍년을 약속한다. 그래서 신목이 굿당에 좌정해 있을 동안 강릉 사람들은 온전히 축제를 즐긴다.

강릉에서 단오는 연중 가장 큰 행사다. 외상 빚을 명절 전에 갚듯 강릉 사람들은 단오가 임박해지면 외상 빚부터 갚았다. 그리고 지인이나 동료, 가족들과 단오장에서 감자전을 안주 삼아 막걸리잔을 기울였다. 너도나도 단오장으로 몰려가는 통에 강릉 시내 음식점이나 이불집 주인들은 단오 때문에 장사가 안 된다고 툴툴거렸다. 그도 그럴 것이 직장인들은 단오장에 입점한 식당에서 단오 회식을 가졌고 아주머니들은 난장의 한쪽 끝에 산처럼 쌓인 이불 더미를 들추어 고른 이불 보따리를 들고 귀가했다. 강릉의 숙박업소는 단오장에서 침구를 사 교체한다는 소문이 떠돌기도 했다.

난장이 무질서하게 운영되던 예전과 달리 지금은 상가 구획이 잘 되어 난장이라는 용어가 무색하다. 난장을 정리하자 야바위꾼들도 사라져 인형 넘어뜨리기나 고리 던지기 게임이 그 자리를 차지했다. 무질서한 난장 역시 강릉단오의 멋이었는데 사라져서 아쉽다.

강릉단오를 '천년단오'라고 한다. 강릉단오제가 언제부터 시작되었는지 알 수는 없지만 대관령 정상부에서 모셔 오는 신이 그곳에 상주했던 시기를 고려해 천년단오라 부른다. 《고려사》에 태조가 신검을 토벌할 때 왕순식이 전투에 합류하기 위해 명주에서 군대를 거느리고 대관령에 이르렀는데, 그곳에 승려의 사당이 있어 제사를 올리며 기도드렸다는 기록이 전하고

강릉단오제 기간에 굿당에 모여
단오굿을 관람하는 사람들.

있어, 그 사당이 국사서낭사였을 것으로 추정한다.

대관령국사서낭사와 산신당이 있어 신비로운 기운이 감도는 대관령 숲속은 평소 무속인들의 서원과 징소리로 가득하다. 내내 무속인들의 소리에 귀 기울이던 서낭신은 단오가 되면 강릉 시내로 내려온다. 신이 인간의 영역으로 내려왔으니 무녀들은 신을 기쁘게 위무하며 사람들이 무탈하도록 축원의 굿을 한 석씩 바친다. 그래서 굿당은 신과 인간이 만나는 공간이 된다. 그것을 아는 사람들은 굿당을 비집고 들어가고, 여의치 않을 때는 호개등이 어느 방향으로 춤을 추는지 쳐다보며 주위를 서성이다 간다.

올해도 어김없이 대관령국사서낭은 단풍나무에 깃들어 단오장으로 마실 올 것이다. 그리고 아무 말 없이 사람들을 도닥거려줄 것이다. 강릉 사람들은 또 신발을 꿰신고 먼지 풀썩이는 단오장에 나가 그 격려 사이를 맴돌며 한 해를 무탈하게 보낼 면역력을 얻어갈 것이다.

소매각시 자살소동이 가져온 강릉의 평화

강릉관노가면극

소매각시가 눈웃음 가득한 탈을 쓴 채 양반광대와 덩실덩실 춤을 춘다. 노랑 저고리에 다홍치마 선명한 소매각시 춤사위에서는 소박하지만 어색한 요염함이 읽힌다. 관노가면극은 강릉단오제 때 공연되던 서낭제 가면놀이다. 예전엔 여러 서낭당을 돌아다니며 연행되었지만 지금은 단오 기간 동안 단오공연장에서 논다. 원래 강릉부 소속 관노들에 의해 연희되던 관노가면극은 일제의 민족문화 말살 정책에 따라 한동안 맥이 끊겼다. 복원되었을 때는 관노라는 계급이 없어졌으나 지금까지도 관노가면극이라는 명칭으로 불리며 연희된다.

관노가면극을 복원하는 일은 쉽지 않았다. 연구자들이 가면극에 참여한 사람을 찾았으나 선뜻 나서는 이가 없었다. 가면극을 놓았다는 것은 관노였다는 사실을 공개적으로 드러내는 일이었다. 굳이 자신이, 조상이 관노였다는 사실을 세상에

떠벌일 이유가 없는 연희자들은 굳게 입을 닫았다. 다행히 당시 관청의 구실아치였던 김동하, 차형원이 젊은 시절에 보았던 가면극의 내용을 구술해줘 탈놀이를 복원할 수 있었다.

강릉에서는 관노가면극 공연 현장을 심심찮게 마주친다. 가면극의 보존과 전승을 위해 특정 행사 때나 유명 관광지에서 주기적으로 공연하기 때문이다. 꽹과리, 북, 장구, 징 등으로 치는 장단에 태평소 소리가 사람들의 발걸음을 잡는다. 소리가 이끄는 대로 구경꾼들이 모여들어 연희패를 둥글게 에워싼다. 자연스럽게 생긴 원형의 놀이마당에서는 화개잡이, 양반광대와 소매각시, 장자마리와 시시딱딱이, 악기를 연주하는 반주자들이 각자 역할을 수행하며 연희를 이끌어간다.

관노가면극의 가장 큰 특징은 무언극이라는 점이다. 대사 없이 춤과 몸짓으로만 진행된다. 등장인물의 구연은 없지만 기본 줄거리가 단순하기 때문에 전체적인 맥락을 이해하는 데는 별 어려움이 없다. 가면극은 전체 다섯 과장으로 구성된다. 장자마리의 개시과장, 양반광대와 소매각시의 사랑과장, 시시딱딱이의 훼방과장, 소매각시의 자살과장, 양반광대와 소매각시의 화해과장이 그것이다.

포대를 뒤집어써 마치 뚱뚱한 볼링공 같아 보이는 장자마리 두 명이 요란스럽게 등장한다. 관중을 뒤로 한 걸음씩 밀어내 공연장을 확보하고는 자기들끼리 밀치고 놀면서 어수선한 장내를 정리한다. 그러고 나면 긴 고깔을 쓴 양반광대가 한 자는 족히 넘어 보이는 수염을 쓰다듬으며 무대 중앙으로 등장해 소매각시를 희롱하다 둘이 함께 춤을 춘다.

이때 표정이 험악해 보이는 시시딱딱이 두 명이 칼을 든 채 위협적으로 등장한다. 그들은 역동적인 춤을 춘 후 양반광대와 소매각시 사이를 방해해 갈라놓는다. 시시딱딱이의 강요에 못 이겨 함께 춤을 춘 소매각시의 모습을 지켜본 양반광대가 소매 각시를 끌고 와 호통을 친다. 소매각시는 싹싹 빌어보아도 소 용이 없자 자신의 결백을 보여주기 위해 양반광대의 수염을 목 에 감아 자살을 시도한다.

쓰러진 소매각시 주변으로 몰려든 양반광대, 시시딱딱이, 장자마리 등이 소매각시가 살아나길 서낭님께 빈다. 소매각시 가 살아나자 등장인물 모두 화해의 춤을 한바탕 춘다.

줄거리가 단조로운 데다가 무언으로 진행되다 보니 언뜻 밋밋한 감은 있다. 이런 점을 보완하기 위하여 장자마리나 시 시딱딱이가 관중을 연희 마당으로 불러내 극에 참여케 하는 부 분들이 조금씩 추가되는 추세다.

특히 소매각시가 양반광대의 긴 수염에 목을 매 쓰러졌을 때 모두가 한마음으로 소매각시의 무사를 빌며 화개*를 향해 비손하는 장면이 있다. 화개는 서낭신의 신체를 의미한다. 이 때 불현듯 공연장으로 끌려 나온 관객은 등장인물들과 함께 화

강릉단오제 때 쓰는 깃대. '괘대' 또는 '꽃덮개'라고도 부른다.

개를 향해 연신 머리를 조아리며 빌어야 한다. 관객이 뜬금없이 무대로 불려 나와 등장인물들과 함께 소매각시의 무사를 기원하는 모습은 웃음을 유발하고 극에 재미를 더한다.

극중 소매각시가 수염으로 목을 감는 모습은 다분히 해학적이다. 수염은 양반의 권위이자 거드름의 상징이다. 양반들은 종종 자신의 권위를 드러내거나 뭔가 마뜩잖은 일이 생겼을 때 수염을 쓰다듬곤 한다. 그런 수염으로 목을 맸으니 그 모습이 자못 우스꽝스럽다. 그러나 소매각시의 자살은 모든 사람의 마음을 하나로 모으는 동기가 된다. 소매각시의 무탈이 곧 생산력의 무탈이고 서낭제의 의미다. 무대 한쪽에 서 있는 제법 무

양반광대와 소매각시가
다정하게 춤추는 모습.

거워 보이는 화개가 이 놀이의 성격을 잘 보여준다.

화개에 친친 감긴 오방색 천 조각들은 신의 옷자락인 듯 공연이 진행되는 동안 가끔씩 바람을 업고 휘날린다. 모든 서원을 다 들어줄 기세다. 소매각시의 자살소동이 가져온 평화, 그것은 곧 강릉 사람들의 안녕이다. 그래서 어느 청명한 날 반달처럼 눈웃음 짓는 소매각시가 손을 입에 갖다 대고 호호거리며 어깨춤을 출 때 우리도 기꺼운 마음으로 함께 어깨춤을 출 이유가 있는 것이다.

조형미 빼어난 마을 지킴이

강문 진또배기

　　　　　　　오리 세 마리가 가늘게 다듬어진 소나
무 장대 끝에 음전하게 앉아 경포를 하염없이 바라보고 있다.
얼핏 보아도 매초롬한 것이 뽀얗게 화장한 신부 같다. 표정이
궁금해 아무리 까치발을 해봐도 도저히 알 수 없다. 실견했다
고 하나 반드시 그렇다고 말할 수도 없다. 4.5미터 상공에 있는
것을 뉘라서 제대로 볼 수가 있겠는가!

　　우리나라 솟대 가운데 조형성이 가장 뛰어나다고 알려진
진또배기°지만 가까이서 볼 수는 없다. 그러나 언뜻 보아도 금
방 물에서 나와 젖은 깃을 다듬은 듯 매끈하고 우아한 몸매가
일품이다. 보이는 것은 딱 그만큼. 아름다움을 함부로 나누지
않는 인색함은 큰 키에서 비롯된 것이니 어찌할 도리가 없다.

●　　진또배기는 전국적으로 분포하는 민간신앙 대상물인 솟대를 강문동에서 달리 부르는 이름
　　이다. 솟대를 부르는 명칭은 다양해 일일이 열거할 수 없을 정도다. 영동지방만 해도 짐대,
　　진대배기, 짐대성황, 진대, 오릿대 등으로 불린다. 강릉에서는 강문, 안목, 월호평동, 옥계
　　금진리 · 도직리, 정동 심곡리 등 남부 해안을 따라 솟대 신앙이 존재해 왔다.

　진또배기는 여느 서낭신처럼 화상이나 위패의 형태로 보호각에 안치된 것도 아니고, 무성한 잎을 매단 채 금줄을 칭칭 감고 있는 노거수와 함께 있는 것도 아니다. 오로지 새를 얹은 신간으로만 존재한다. 소박함에 있어서는 단연 으뜸이다. 그래서 그곳에 있는 줄 뻔히 아는데도 두리번거리며 찾아야 한다.

　죽헌동에서 내려온 물줄기와 운정동에서 내려온 물줄기가 만나 얼마를 흘렀을까, 안현동에서 흘러온 작은 물줄기와 합수한 물길은 월송교와 강문교 밑을 지나 동해로 흘러 들어간다. 그 지점의 남북으로 길게 뻗어 있는 곳이 강문동이다.

　강문은 경포호의 어귀에 있다고 해서 부르게 된 이름이다. 마을 입구에는 '강문해변 진또배기마을'이라는 표지판이 서 있고, 도로 양쪽으로는 세 개씩 한 조를 이룬 진또배기가 줄지어 있다. 진또배기가 강문동의 상징임을 마을 어귀에서부터 보여 준다.

　강문동에서는 매년 음력 정월 보름, 4월 보름, 8월 보름에 서낭제를 지낸다. 남녀 서낭에 진또배기 서낭까지 세 분의 서낭을 치제한다. 마을을 지키는 신력이 매우 굳건할 것이라는 믿음이 있었던 듯 공동체의 안녕을 위한 서낭제는 전통사회를 거쳐 오늘날까지 줄기차게 이어지고 있다.

　다른 해안 마을과 마찬가지로 강문동 역시 어업에 종사하는 사람이 많았다. 해상사고 등 자연재해로부터 주민의 안전을 보장받으려면 마을신앙이 중요했다. 예기치 않은 재해는 신의 힘을 빌려 막아야 했다. 따라서 한마음으로 동제를 지내면서 진또배기 서낭을 모셨다. 진또배기 서낭이 남녀 서낭을 도와 수재, 화재, 풍재를 막고 마을의 안녕과 풍어를 책임진다고 믿었다. 원래 강릉에는 진또배기가 없었는데 함경도 해안으로부터 떠내려온 것을 건져 세우고 제사를 지냈더니 동네가 번성했다고 한다.

진또배기마을 입구를
알리는 표지판.

월송교에서 강문교로 흘러가는 물줄기를 경계로 죽도봉 밑에는 여서낭당, 큰 물줄기 건너 솔밭 한가운데 남서낭당과 진또배기가 있다. 남서낭당과 진또배기 사이로 또다른 물줄기가 있어 세 서낭이 각각 물길을 경계로 좌정해 있는 형국이다.

여서낭당에는 자주빛 당의에 족두리를 쓴 여서낭의 화상이 봉안되어 있다. 좌우에 여서낭을 시봉하는 시녀가 함께 있다. 토지지신, 성황지신, 여역지신의 3신위를 봉안했다. 반면 진또배기는 혼자 우뚝하다. 장승과 함께 세워지기도 하는 다른 지방의 솟대와 달리 단독형으로 존재한다.

진또배기의 재질은 소나무다. 목재로 만들어진 데다 자연에 그대로 노출된 까닭에 쉬이 썩고 목질이 터져 수명이 길지 못하다. 3년에 한 번씩 음력 4월 보름날에 거행되는 풍어제 때 새로 깎아 세운다. 진또배기는 우리나라 솟대 가운데 조형미가 가장 빼어나다는 평가를 받아 2004년 한국에서 열린 서울세계박물관대회의 로고로 채택되기도 했다. 강릉 바우길의 로고이기도 하다.

현재 강문동에는 어업에 종사하는 가구가 많지 않다. 어촌계원이 채 20명도 안 돼 3년 만에 열리는 풍어제의 재원 마련에도 어려움을 겪고 있다고 한다. 그런 사정을 아는지 모르는지 진또배기는 오늘도 하루 종일 먼 곳을 바라보고 있다.

신분을 따지지 않는
청춘경로회

유교적인 덕목이 중시되고 가부장제가 확고했던 시기에 웃어른을 공경하는 풍습은 당연한 것으로 간주되었다. 나이가 많다는 것은 하늘의 이치를 좀 더 알고 삶의 지혜가 축적됨을 의미한다. 그래서 사람들은 예기치 않은 삶의 국면에 놓일 때 웃어른의 경험과 지혜를 빌리곤 한다.

조선시대에는 국가에서 70세 이상 문신들에게 봄·가을로 잔치를 베풀어주었는데 이를 '기로연'이라고 불렀다. 기로연은 나이 많은 문신을 예우하는 국가적인 행사였다. 정2품의 실직을 지낸 70세 이상 문과 출신 관원만 참석할 수 있었다.

반면 강릉의 청춘경로회는 기로연보다 훨씬 대중적이고 인간적인 행사다. 《신증동국여지승람》 강릉대도호부 풍속조에 다음과 같은 기록이 있다.

고을 풍속이 늙은이를 공경하여 매해 좋은 계절에 70세 이상 노인을 청하여 경치가 좋은 곳에 모셔 위로하였다. 판부사 조치가 의롭게 여겨 공용에서 남은 쌀과 포목을 내어 밑천을 만들었다. 자제 중에서 부지런하고 진실한 자를 택해 재물의 출납을 맡겨 회비로 쓰도록 하고 청춘경로회라 이름하였다. 지금까지 없어지지 않았으며 비록 천한 노복이라도 70세가 된 자는 모두 모임에 나오도록 허락하였다.

청춘경로회의 가장 큰 특징은 초청 대상에 신분의 제한을 두지 않았다는 점이다. 신분 질서가 엄격했던 시대에 학자나 농민, 장인, 상인, 심지어 천민이라도 70년 이상을 살아온 사람은 누구나 초대받을 수 있었다.

정철이 《관동별곡》에서 '강릉대도호 풍속이 됴흘시고 절효 정문이 골골이 버려시니'(강릉대도호부 풍속이 좋기도 하구나 효자, 열녀, 충신을 기리는 문이 고을마다 널렸으니)라고 노래했고, 허균이 《성소부부고》〈성옹지소록〉에서 '강릉은 풍속이 순박하여 예부터 효도와 정절을 지킨 사람이 많았다.'라고 말할 만큼 강릉에는 효행에 관한 기록과 유산이 많이 남아 있다. 제사를 지내는 사당과 재실, 효열을 기리는 비문과 비각이 유난히 많아 사·당·재가 55개소, 효열각과 비가 35개소에 이른다고 한다.

이처럼 효를 실천해온 다양한 역사가 있었기에 관에서 경비를 마련해 고을 어른들을 초청한 청춘경로회 같은 행사를 열 수 있었을 것이다. 이 행사는 단발성으로 끝난 것이 아니라 풍속으로 전해질 만큼 오랜 기간 행해졌다. 조선 중기에 시작되어 일제강점기를 지나면서 그 맥이 끊긴 것으로 전하니 족히 이삼백 년의 역사를 지닌 듯 보인다.

기록으로 남아 있던 이 아름다운 풍속은 강릉시 읍면동에서 계획한 효 행사에서 종종 청춘경로회라는 이름으로 재생되곤 했다. 그러나 워낙 소규모 행사였으므로 일반 시민들에게는 별로 알려지지 않았다.

좋은 계절을 택해 열렸던 청춘경로회처럼, 2017년 10월 강릉에서는 청춘경로회라는 이름으로 큰 행사가 열렸다. 강릉대도호부 관아에서 강릉 21개 읍면동의 노인 21명을 모시고 공경의 예를 올린 잔치였다. 행사에는 지역 기관단체장과 유명인사, 시민들이 참가해 초청된 분들의 무병장수를 빌고 향토음식으로 차려진 연회상과 꽃, 술, 선물을 증정했다.

오래전 청춘경로회가 열렸던 장소는 대도호부 관아가 아니었을 것이다. 나이 드신 분을 경치 좋은 곳에 모셨다고 했으니 더 풍광이 좋은 곳에서 잔치를 벌였을 가능성이 크다. 그러나 오늘날 전통 행사를 치를 장소로 대도호부 관아만 한 곳도 없다. 제법 널찍한 공간을 확보할 수 있을 뿐 아니라 접근성도 좋기 때문이다. 기록으로만 남아 있던 청춘경로회를 재현함으로써 강릉에 노인을 공경하는 아름다운 행사가 실재했었다는 사실이 더욱 널리 알려졌다.

마을 촌장 모시고 합동 세배

위촌리 도배

전통과 역사를 자랑하는 고도답게 강릉에서는 지금도 유교행사가 다양하게 열린다. 향교에서는 석전제, 오봉서원과 송담서원에서는 다례제, 각 종중에서는 조상을 모시는 다례제가 열린다. 이밖에 예외적이고도 특징적인 유교행사로 생존해 계신 웃어른께 공경심을 표하는 '도배례'가 있다. 매년 정월 초이튿날 마을 사람들이 마을의 어른인 촌장을 모시고 합동으로 세배의 예를 행한다고 하여 도배례라고 불렀다.

성산면 위촌리에서 행해지는 도배례는 역사가 350년이 넘었다. 17세기 중엽 마을 주민 전체를 대상으로 조직된 대동계가 시발이 되어 지금까지 이어지고 있다. 마을공동체가 중시되던 몇십 년 전까지만 해도 설날이 되면 집안 어른께 세배드린 후 집집이 돌아다니면서 동네 어른들께 세배드리는 것이 통상적인 풍경이었다. 반면 마을 사람들이 집집마다 인사를 다니지 않고 한곳에 모여 세배를 나누던 전통이 면면히 이어져온 곳이 위촌리다.

위촌리는 강릉의 서쪽에 치우쳐 위치한 전형적인 농촌 마을이다. 여느 시골 마을처럼 조용하던 곳이 세간에 널리 알려진 이유는 도배 때문이다. 조용히 치르던 마을축제 같은 의식이 세상에 알려지면서 지금은 꽤 유명한 마을이 되었다. 마을 촌장집 마당에서 행해지던 도배는 2005년 강릉시가 위촌전통문화전승관을 건립하면서 실내에서 치러지게 되었다. 처음에는 계원들만 참여했으나 지금은 마을에 살고 있거나 마을 출신이면 누구나 참여할 수 있다.

도배례 진행은 단순한 편이다. 모든 사람이 촌장께 세배하면 촌장은 사람들에게 덕담으로 화답한다. 촌장과의 세배 후에는 연배순으로 세배하고, 마지막으로 모두 함께 맞절을 나누면 절차가 끝난다. 마무리는 참석한 모든 사람들이 세찬을 나누는 것으로 한다. 일반적이지 않은 이 전통이 수백 년에 걸쳐 전승될 수 있었던 것은 마을공동체에 대한 주민들의 신뢰 때문이다.

조용하고 평화롭던 시골 마을 위촌리에 변화가 생겼다. 유천택지가 조성되면서 낮은 고개만 넘으면 곧장 도심에 이를 수 있게 되었다. 주택이 속속 들어서고 인구도 늘고 있다. 마을 구성원이 갑자기 늘어나면 공동체의 결속력을 약화시키는 요인이 되기도 한다. 그러나 아직까지는 염려하지 않아도 될 것 같다. 도배례의 나이만큼 신뢰도 다부지게 꼭꼭 다져졌기 때문이다. 마을 구성원들이 예를 나누며 더불어 살아가는 화합의 가치를 중시하는 도배례는 앞으로도 계속될 것이다.

평창동계올림픽 기간이었던 2018년 2월 17일, 강릉대도호부 관아에서 '무술년 임영대동 도배례'가 열렸다. 웃어른에 대한 공경심이 발현된 도배례를 현대적으로 해석한 행사였다. 강릉시 21개 읍면동에서 가마로 촌장을 모시고 강릉대도호부 관아로 집결했다. 특정 지역에서 이루어지던 도배례를 강릉 전역으로 확대한 것이다.

촌장들은 겨울용 전통복식으로 격식을 갖추었고 시민들은 공손하고 정중하게 공경의 예를 올렸다. 행사는 촌장 맞이하기, 축하연주, 전통음식 올리기, 장수기원 술 올리기, 만수무강 기원 선물 올리기, 합동세배, 퇴찬(退饌) 순서로 진행되었다. 겨울날 야외에서 치른 행사였지만 참가한 사람들의 마음은 꽤 훈훈했다.

설화 속 여신이 머물다

대관령국사여서낭
주문진진이서낭

강릉에는 대관령국사여서낭, 주문진진이서낭, 안인리해랑신, 심곡여서낭, 강문동여서낭 등 여신이 많이 산다. 대부분 당집에서 기거해 당문만 열면 언제든 여신을 만날 수 있다. 신이 된 내력을 담은 신화가 함께 전승돼 제각기 다른 사연을 지닌 여신들의 이야기에 귀 기울이게 된다.

여신들은 대체로 남성과의 결연을 통해 마을을 지키는 동신으로서의 입지를 굳혔다. 우리나라 대부분 마을신이 그렇듯이 신으로 좌정하게 된 내력은 소박한 편이다. 그러나 마을의 재앙을 막고 풍어와 풍농, 건강을 주관하는 신성으로서 경외의 대상이기도 한 여신은 때로는 가까운 이웃처럼 사람들에게 곁을 내준다.

대관령국사여서낭

고속도로 강릉 나들목을 지나 경강로를 따라 조금 내려오면 오른쪽으로 서낭사가 있다. 강릉단오제 때 대관령에 있는 국사서낭신을 모셔와 보름 넘게 이곳에 합사시킨다. 국사서낭 신의 부인을 모신 곳이기 때문이다. 원래 이곳에서 멀지 않는 곳에 있었으나 2009년 새 사우를 지어 이전해왔다.

서낭사 안에는 노랑 저고리에 다홍치마를 입고 손을 가지 런히 무릎 위에 얹은 채 의자에 앉아 있는 여서낭의 신상이 봉 안되어 있다. 여서낭은 소나무와 괴석, 대나무와 구름 등 서기 가 가득한 배경을 뒤로한 채 그려졌는데, 그 옆에는 호랑이와 동자가 협시하듯 함께 있다.

대관령국사여서낭이 이곳에 모셔진 내력은 설화로 널리 알 려져 있다. 그 내용은 다음과 같다.

'정씨 가에 혼기가 찬 딸이 있었다. 하루는 정씨의 꿈에 대관령서낭 이 나타나 장가를 오겠다고 청했다. 그러나 정씨는 사람이 아닌 서 낭을 사위로 맞을 수 없다며 거절했다.

어느 날 노랑 저고리에 남색 치마를 입고 툇마루에 앉아 있는 정 씨 처녀를 호랑이가 나타나 업고 달아났다. 딸을 잃은 정씨 가에서 는 소동이 일어났다. 여기저기 수소문한 결과 호랑이가 물어갔다 는 사실을 알게 되었다.

정씨 부부가 대관령국사서낭당에 가보니 딸이 서낭과 함께 서 있는데 몸은 이미 죽어 있었다. 딸을 집으로 데려오려고 몸을 흔들 자 그 자리에서 떨어지지 않았다. 화공을 불러 화상을 그려넣으니

비로소 몸이 떨어졌다.

호랑이가 처녀를 데리고 가 서낭과 혼배한 날이 4월 15일이었다. 그래서 해마다 4월 15일에는 대관령국사서낭을 여서낭사로 모시고 온다.'

이 설화는 호환설화의 성격을 가지지만 호랑이가 처녀를 직접 해코지한 것이 아니라 서낭신의 심부름으로 납치한 것이기 때문에 일반적인 호환과는 양상이 다르다. 역사시대 내내 호환을 당한 경우는 숱하게 많았지만 호환을 당한 후 서낭신의 아내가 됨으로써 신격화된 예는 거의 없었다. 대관령국사여서낭은 예기치 않게 죽은 원혼으로서가 아니라 대관령국사서낭

대관령국사여서낭

의 선택을 받아 좌정한 것으로 이해되어왔다. 그러나 안타깝기는 마찬가지다.

대관령국사여서낭은 일 년에 한 번 남편을 만난다. 사람과 신의 시공 개념이 다르겠다 싶지만 그렇다고 해도 일 년 내내 호환되기 전의 모습으로 당집에 갇혀 있는 여신이라니. 그래서 대관령국사서낭과 합사하는 날은 여서낭의 절절한 사연에 마음이 쓰인다.

대관령에서 내려온 대관령국사서낭이 구산서낭당과 학산서낭당을 거쳐 국사여서낭사에 도착하는 것은 햇살이 지칠 대로 지쳐 긴 그림자를 거두기 시작할 무렵이다. 여서낭사 마당에는 봉안제를 지켜보기 위해 사람들이 일찌감치 자리를 차지하고 앉아 있다.

신목이 서낭사 마당을 들어서자 갑자기 상상력이 발동된다. 여서낭은 버선발로 뛰어나가 서방님을 맞았을까, 아니면 발그레 홍조 띤 새색시처럼 수줍은 듯 고개를 돌렸을까?

두 분의 합사를 위한 의식이 끝나면 여서낭은 곁에서 늘 자신을 수호하던 호랑이까지 물리고 당문을 닫는다. 그리고 단오 때 사람들에게 나누어줄 선물보따리를 꾸리기가 바쁜지 보름 넘게 모습을 보여주지 않는다.

주문진진이서낭

뱃사람들의 안위가 걱정된 서낭신이 당집 문을 열고 한걸음 걸어 나와 주문진항을 내려다볼 것 같은 서낭당이 있다. 주문진 서낭당이다. 정면 3칸 측면 1칸 건물의 앞쪽으로 노출된 기둥 4개가 있어 그만큼 처마가 깊어 보이는 서낭당 외벽에는 물고기, 문어, 소라, 성게, 해초가 그려져 있다. 제단 안쪽에는 서낭신 · 토지신 · 여역지신, 그 옆 왼쪽 벽에는 장군상, 마루 오른편 벽엔 선녀상이 그려져 있다.

이곳에 모셔진 서낭은 세 분이다. 용신, 정경세, 진이서낭이다. 화상에는 서낭신 3위와 함께 어린아이가 그려져 있는데 진이서낭이 낳은 유복자라고 전해진다. 용신은 무속에서 모시는 신이고 정경세는 역사인물이지만 진이서낭은 잘 알려지지 않은 신이다. 진이서낭이 지역신으로 모셔지게 된 내력담은 간단하다.

'바닷가에 진이라는 아름다운 처녀가 살았다. 어느 봄날 해초를 따던 진이의 모습을 보게 된 현감은 한눈에 그녀에게 반해버렸다. 진이에게 수청을 강요했으나 거절당하자 그녀의 가족을 붙잡아 매질하며 괴롭혔다. 진이는 방문을 걸어 잠근 채 아이를 낳고 죽어버렸다. 그 후 마을에서는 배가 뒤집혀 어부들이 죽고 질병이 창궐하는 등 흉사가 계속되었다. 강릉부사로 부임한 정경세가 진이 사연을 듣고 사당을 지어 원혼을 치제하니 어촌에 다시 평화가 찾아왔다.'

원혼이 된 여성이 해원한 이야기다. 사람들은 억울하게 죽은 사람은 원귀가 되어 해코지한다고 믿었다. 그래서 마을에 발생한 흉흉한 일이 진이의 억울한 죽음 때문이라고 여겼다. 마침 강릉부사로 온 정경세가 그 사연을 듣고 사당을 지어줌으로써 진이의 억울함을 풀어주고 마을도 평화로워졌다고 한다.

서낭신의 화상에 정경세가 함께 그려진 데에도 사연이 있다. 정경세는 1613년 강릉부사로 부임해 선정을 베풀었다. 학문을 장려하고 향교에다 예규를 걸어놓고 그것을 실천하도록 했다. 그를 기리기 위해 사람들이 흥학비를 세우기도 했다.

선정을 편 목민관 정경세를 추모하기 위해 연곡면 퇴곡리에 우복사라는 사당이 건립되었다. 사당은 한차례 화재로 일부가 소실되었으나 중건되었다가 흥선대원군의 서원 철폐령으로 1868년 11월에 결국 철거되었다. 그때 위패를 우복사 뒷산에 묻었다고 한다. 사당이 훼철되면서 정경세는 더 이상 강릉에서 개인 사우에 모셔지지 않았다. 다만 진이서낭의 원혼을 풀어 마을을 안정시키는 선정을 폈기에 언제부턴가 주문진서낭당에 진이서낭과 함께 모셔졌다.

주문진서낭제는 주문진 어촌계 주관으로 매년 음력 3월 9일과 9월 9일 두 번 지낸다. 풍어제는 3년에 한 번씩 9월 9일에 지냈으나 여러 해 전부터 시기를 봄으로 옮겼다. 굿은 마을 주민들과 어촌계원들의 안녕과 풍어를 기원하는 의식이다. 삼일 동안 계속되며 부정굿, 골맥이굿, 당맞이굿, 청좌굿, 각댁조상

굿, 세존굿, 성주굿, 심청굿, 각댁손님굿, 제면굿, 군웅굿, 용왕
굿, 대거리굿 등의 굿거리가 펼쳐진다.

오늘도 서낭당은 주문진항을 향해 있다. 서낭당 뒤쪽에 주
문진항과 주문진등대를 조망하는 배 모양의 데크 전망대가 있
다. 그 전망대를 오가는 방문객들의 부산한 발걸음이 끊길 때
면 마당에는 햇살만 가득하다. 아무래도 당 안에선 진이서낭이
오수에 빠진 듯하다.

강릉 사람,
강릉 정신

족적 뚜렷한 조선시대 화가

신사임당

우리나라 역사를 통틀어 사임당 (1504~1551)만큼 유명한 여성은 없다. 사임당을 가리켜 '겨레의 어머니'라 칭하기도 하고 '어머니의 표상'이라고도 한다. 사임당에 대한 심리적 거리가 얼마나 가까운지 사임당이 내 어머니인지, 내 어머니가 내 어머니인지 헷갈릴 정도다.

사임당이 이렇게 유명해진 이유는 무엇일까? 많은 사람이 아들을 잘 둬서라고 말한다. 그도 그럴 것이 사임당의 아들 율곡 이이는 당대의 석학으로 여러 분야에서 역사에 궤적을 남겼다. 특히 조선 성리학의 유종으로서 기호학파의 학맥을 이은 후학들로부터 존숭을 받아온 터라 사임당 역시 함께 기려진 측면이 있다.

그러나 사임당이 유명세를 타기 시작한 것이 아들의 출세 때문은 아니다. 그 이전에 이미 그림을 잘 그리는 사람으로 알려져 있었다. 예컨대 이문건(1494~1567)은 《묵재일기》 1557년

1월 1일의 글에서 이원수를 언급하며 '산수화를 잘 그린 신씨의 남편'이라 기록했다. 이는 사임당 사후 6년 정도 지난 시기에 작성된 것으로, 남성 중심 시대에 남성 개인을 아무개의 남편이라고 기술했다는 점에서 시사하는 바가 크다.

소세양(1486~1562)이 사임당의 산수화를 보고 쓴 화제시(畵題詩)•도 마찬가지다. 이 기록은 소세양의 문집 《양곡집》에 전하는데 사임당의 〈산수도〉 족자에도 그 흔적이 남아 있다. 안타깝게도 산수도는 약간의 필선만 남아 제대로 읽히지 않지만 상단 부분에 쓴 소세양의 친필은 일부 확인된다. 이 자료가 중요한 것은 화제시의 내용으로 그림을 읽을 수 있어서이기도 하지만 사임당이 일찍이 그림으로 유명했음을 알려주기 때문이다. 비슷한 시기에 살았던 어숙권, 성수침(1493~1564)도 사임당의 예술적 재능에 대해 언급한 바 있다.

이처럼 당대에 이미 그림과 글씨로 이름을 날렸음에도 마치 율곡 때문에 유명해진 듯 언급하는 것은 잘못이다. 율곡 때문에 더욱 유명해지긴 했지만 독립된 개인으로서의 사임당도 이미 유명했다. 조선시대 여성 화가를 거론하자면 설씨부인, 매창, 죽향, 이씨부인 등이 떠오르지만 이들이 남긴 작품 수는 매우 적다. 반면 사임당은 우리 미술사에서 매우 특별하다. 월등히 많은 그림이 그녀의 작품으로 전해지고 있으며, 기년작(紀

• 사임당의 산수화 족자 상단에 소세양의 필적으로 한시가 쓰여 있다. 이처럼 화폭의 여백에 그림과 관련된 시를 쓴 것을 화제시 또는 제화시라고 한다.

年作)*이 없다는 한계는 있지만 살아 있을 때나 사후에나 모방작이 그려질 만큼 인기가 많았다.

사임당은 강릉 북평촌에서 태어났다. 그녀의 어머니 용인 이씨와 아버지 신명화는 슬하에 딸 다섯을 두었는데 그중 둘째였다. 열아홉 살에 서울 사람 이원수와 혼인했으나 얼마 지나지 않아 친정아버지가 사망하는 바람에 한동안 강릉에서 살았다. 서른여덟 살에 시댁 살림을 돌보기 위해 상경할 때까지 봉평과 강릉에서 지냈다.

그림, 침선, 시문 등 다방면에 뛰어났던 사임당은 명성에 걸맞은 작품들을 남겼다. 산수화를 비롯해 묵포도도, 묵매도, 초충도, 영모도 등 다양한 화목의 그림들이 그녀 작품으로 전칭되고 있다. 초충도자수병풍과 초서·전서 글씨, 〈유대관령망친정〉〈사친〉 등의 한시도 함께 전한다.

사임당을 이해하는 가장 긴요한 자료는 율곡이 쓴 〈선비행장(先妣行狀)〉**이다. 조선시대에는 출판을 남성들이 주도했고 여성의 사회생활이 전무하다시피 했기 때문에 여성에 대한 기록 역시 전하는 것이 별로 없다. 사임당도 유명세에 비해 전하는 기록들이 매우 단편적이다. 〈선비행장〉이 아들의 시선으로 서술되었다는 한계가 있다 하더라도 귀한 자료일 수밖에 없는

---

* 제작한 연대를 기록한 작품.
** 행장은 죽은 사람의 생전 행적을 기록한 글이다. 〈선비행장〉은 이이가 어머니 사임당의 행적을 기록한 글로 사임당의 품성과 예술적 재능 등이 언급되어 있다.

235

이유다.

사임당의 삶을 관통해 지배한 힘이 있었다면 그것은 강릉이다. 강릉에서 태어나고 자랐으며 친정어머니가 생존해 있는 곳이었기 때문이다. 늘 어머니와 강릉을 그리워했던 그녀는 그리움의 정서를 한시에 고스란히 담아냈다.

대관령 정상에서 2차선 도로를 따라 조금 내려오면 오른쪽으로 마치 강릉을 향해 길게 목을 빼고 있는 듯한 자세로 사임당 시비가 서 있다. 1541년 사임당이 여섯 살 난 율곡의 손을 잡고 북평촌(오죽헌 일대)을 바라보며 눈물짓던 곳이 이쯤일 것이다. 북평촌을 출발해 한양으로 가던 중 임영(강릉)이 한눈에 들어오는 대관령에 이르렀을 때 지은 시가 〈유대관령망친정〉이다.

慈親鶴髮在臨瀛　늙으신 어머님 강릉에 두고
身向長安獨去情　홀로 서울로 가는 이 마음
回首北村時一望　고개 돌려 한 번씩 북촌을 바라보니
白雲飛下暮山靑　흰 구름 아래 저문 산이 푸르네.

또 다른 시 〈사친〉에서도 어머니에 대한 그리움을 노래했다.

千里家山萬疊峰　산 겹겹한 천 리 밖 내 고향
歸心長在夢魂中　꿈속에도 늘 돌아가고픈 마음

寒松亭畔孤輪月　한송정가에 외로이 뜬 달

鏡浦臺前一陣風　경포대 앞에는 한바탕 부는 바람

沙上白鷗恒聚散　갈매기는 모래 위에 모였다 흩어지고

海門漁艇任西東　고깃배는 바다 위를 오고 가겠지

何時重踏臨瀛路　언제 강릉 길 다시 밟아

更着斑衣膝下縫　색동옷 입고 어머니 곁에서 바느질할까.

이 두 시를 통해서도 사임당은 천생 강릉 사람임을 알 수 있다. 한송정, 경포대, 임영 등의 시어로 고향에 대한 그리움을 노래했는데 강릉 사람이 아니면 불가능한 차용이다. 까만 대나무와 소나무로 둘러싸인 오죽헌에서 자란 소녀는 훗날 자신의 상상력과 경험을 끌어내 그림을 그리고 시를 썼다. 그래서인지 사임당 사후 500년이 되어가지만 강릉에는 여전히 사임당이 살고 있다.

오죽헌에서 태어난 성리학의 거두
율곡 이이

율곡 이이(1536~1584)는 본명뿐 아니라 호(號)도 널리 알려진 유명인이라 율곡이라 부르는 것이 더 익숙하다. 조상의 세거지가 고향이 되는 경우가 많지만 율곡은 외갓집이 있던 강릉 북평촌에서 태어났다. 어머니 사임당이 혼인 후 한동안 친정에 거주했는데 그때 오죽헌 몽룡실에서 태어났다. 특정 지역에서 태어났다고 그 지방 사람이라 부르지는 않는다. 그러나 태어난 곳을 평생 특별하게 생각했다면 그곳 사람이라고 말할 수 있다. 그래서 율곡은 강릉 사람이다.

유교적 가부장제가 강고해지기 전인 데다 남귀여가혼(男歸女家婚)˙의 풍습이 남아 있던 시대를 살았던 사임당은 혼인 후에도 옛 유습대로 한동안 친정살이를 했다. 그때 외가에서 태

˙ 신랑이 신부집에 가서 혼례를 치른 뒤 그곳에서 혼인생활을 시작하는 한국의 전통 혼인 풍속으로 서류부가혼(壻留婦家婚)이라고도 한다.

어나 유년을 보낸 율곡은 어머니를 따라 한양으로 간 이후에도 여러 차례 강릉을 오갔는데, 사임당 사후*의 강릉 방문은 외조모를 뵙거나 간병하기 위해서였다.

외조모 용인 이씨는 세 살 때 '석류피리쇄홍주(石榴皮裏碎紅珠, 석류 껍질 속에 빨간 구슬이 부서져 있네.)'라는 시구를 지을 만큼 영민했던 율곡을 남달리 아꼈다. 율곡 역시 1569년 교리직을 제수받았을 때 사직의 글인 〈사교리소〉를 올리면서까지 외조모를 봉양하고자 했다. 이 글에서 율곡은 외할머니와의 돈독함을 말하면서 '이름은 비록 외조모와 외손이지만 정은 실제 어머니와 아들'이라고 했다. 90세 나이로 생을 마감한 외조모를 위해 〈이씨감천기〉와 묘지명을 쓰기도 했다. 율곡에게 외조모는 어머니와 같은 존재였다.

율곡은 외가에서 머물 때 이모부인 권화의 집을 오가거나 강릉 사림들과 교유했다. 최운우(1532~1605)와는 서로 교유하며 도의를 나누었고, 출사와 시무책에 대한 견해도 주고받았다. 김열(1506~?)에게는 〈호송설〉을 지어주기도 했다.

율곡에게 특별한 곳이었던 오죽헌에 가면 그를 더욱 깊이 있게 만날 수 있다. 오죽헌은 1975년 정화사업을 기점으로 신축과 개보수가 이루어지면서 현재의 모습으로 바뀌었다. 정문을 통과하면 가장 먼저 율곡 동상이 눈에 띈다. 그 옆으로 율곡

사임당은 1551년 48세에 사망했고, 어머니 용인 이씨는 1569년 90세에 사망해 사임당보다 18년을 더 살았다.

의 친필 '견득사의(見得思義, 이득을 보면 의로운 것인가를 생각해야 한다.)'를 큰 글씨로 각자해놓은 대리석이 놓여 있다. 율곡이 초학자들에게 도학의 방향을 제시할 목적으로 저술한《격몽요결》〈지신장〉에서 따온 구절이다. 수백 년이 지난 오늘에도 곁에 두고 실천할 가치가 있는 문구다.

　　조금 걸으면 오죽헌의 안팎을 가르는 자경문에 이른다. 1551년 어머니를 여읜 율곡은 시묘를 마쳐도 슬픔을 억제할

어제각 내부.
율곡의 수고본 《격몽요결》과
벼루가 보관되어 있다.

길이 없자 돌연 금강산으로 들어갔다가 1년 만에 돌아왔는데, 그즈음 외가로 가 '먼저 뜻을 크게 세우고 성인으로써 준칙을 삼아야 한다. 털끝 하나라도 성인에 미치지 못하면 나의 일은 마치지 못한 것이 된다.'라고 시작하는 〈자경문〉을 지었다. 자경문은 이 자경문에서 빌려온 이름이다.

자경문 너머 오른쪽에 있는 사주문 안으로 들어서면 왼쪽에 정면 3칸 측면 2칸의 목조건물 오죽헌이 있다. 조선시대 학자들로부터 최고의 여성 화가로 상찬되어온 신사임당이 경세가이자 교육자, 철학자로 명성을 떨친 율곡 이이를 낳은 역사적인 공간이다.

협문을 지나면 막돌담장으로 둘러싸인 어제각이 있다. 1788년 정조대왕은 율곡의 수고본 《격몽요결》과 벼루를 친람하고 오죽헌으로 돌려보냈는데 그것을 보관하기 위해 지은 전각이다. 1975년 오죽헌 정화사업 때 헐렸다가 1987년 지금의 자리로 옮겨 복원되었다. 어제각의 출입문에는 초서체로 쓴 '운한문(雲漢門)'이라는 현판이 고졸함의 잔영을 간직한 채 무심히 걸려 있다.

오죽헌 경내에는 수령이 족히 수백 년은 되어 보이는 배롱나무, 매화나무, 금강소나무 등과 함께 문성사, 살림채, 율곡기념관 등이 있다. 율곡기념관에서는 사임당과 그의 자녀 율곡, 매창, 옥산의 학문과 예술을 일람할 수 있다.

기호학파의 유종으로 존숭받아온 율곡의 탄생지이자 그

의 유품이 소장된 오죽헌을 찾는 발걸음은 수백 년 동안 이어졌다. 《심헌록》은 율곡의 학맥을 계승한 권상하(1641~1721)가 1662년 오죽헌을 다녀가면서 기록한 서명을 시작으로 이재, 김창흡, 한원진, 김원행 등 천여 명 넘는 인물들이 오죽헌에 다녀간 흔적을 고스란히 담고 있다. 오늘날에도 오죽헌의 방문객은 연간 80만~90만 명에 이를 정도로 많다.

중국·조선·일본에서 시집 간행된

허난설헌

허난설헌(1563~1589)은 사임당보다 60
년 뒤에 태어났지만 강릉에서 두 사람은 곧잘 비교대상이 된
다. 두 사람은 여러모로 달랐다. 사임당은 조선 전기의 풍습대
로 혼인 후에도 오랫동안 친정살이를 했던 반면 난설헌은 혼인
후 시댁에서 살아야 했다. 사임당은 일곱 남매를 낳아 성장시
켰지만 난설헌은 남매를 낳았으나 어린 나이에 잃는 참척을 당
했다. 사후에 사임당은 상찬과 존숭의 대상이 되었지만 난설헌
은 위작 시비에 휘말렸다.

삶의 양상과 후대의 평가가 서로 다른 두 사람이지만 닮은
점도 있었다. 화명과 시명이 역사에 기록될 정도로 문학적, 예
술적 재능이 뛰어났다는 것이다.

허난설헌의 이름은 초희, 자는 경번이다. 조선 중기 문신으
로 동인의 영수였던 허엽(1517~1580)의 딸로 태어나 당대 걸출
한 문인이었던 오빠 허성(1548~1612)과 허봉(1551~1588), 동생

허균과 함께 자랐다. 강릉 초당동에서 태어나 유년을 보낸 것
으로 알려진 그녀는 명문가에서 자유롭고 유복하게 자라 열다
섯 살 무렵 김성립과 혼인했다.

혼인 후의 생활은 다난했다. 부부관계가 원만하지 못했고
시어머니에게는 인정받지 못했으며 출산한 남매를 어린 나이
에 잃었다. 〈곡자〉라는 시를 통해 셋째 아이를 임신했음을 알
수 있는데 그마저 태중에 잃은 듯하다. 거기다 친정오빠 허봉
이 유배지에서 돌아오다 객사하는 등 안팎으로 비극이 계속되
었다. 정신적으로 피폐해진 듯 27세 나이로 요절하고 마는데
짧은 생애가 모든 비극을 말해주는 듯하다.

짧은 생을 살다간 난설헌이 우리에게 기억되는 건 그녀가
남긴 시집 때문이다. 조선시대에 여성 문집이 간행되는 일은
흔치 않았다. 남성들이 남긴 글은 후에 문집으로 발간되곤 했
지만, 교육의 기회조차 주어지지 않던 여성들은 시문도 자유롭
게 지을 수 없었다. 몇몇 여성만이 예외적으로 시문을 남겼을
뿐이다. 여기에 난설헌이 포함된다.

난설헌의 작품집 《난설헌집》 출판은 전적으로 허균에 의
해 이루어졌다. 여덟 살에 〈광한전백옥루상량문(廣寒殿白玉樓上
樑文)〉을 지어 신동으로 불렸던 난설헌은 허균과 함께 손곡 이
달(1539~1612)의 문하에서 시를 배웠다. 같은 스승 밑에서 시를
공부하며 누나의 시적 천재성을 가까이에서 지켜봤던 허균은
그 누구보다 누나의 죽음을 안타까워했다.

허균은 〈학산초담〉에서 난설헌에 대해 이렇게 기록했다.

누님의 시문은 모두 천성에서 나왔다. 유선시 짓기를 즐겼는데 시어가 모두 맑고 깨끗하여, 익힌 음식을 먹는 사람으로는 미칠 수가 없다. 문(文)도 우뚝하고 기이한데 사륙문이 가장 아름답다. 백옥루상량문이 세상에 전한다. 둘째 형이 일찍이, "경번(난설헌의 자)의 재주는 배워서는 가능하지 않은 것이다. 모두가 이태백과 이장길의 유음이다."라고 한 적이 있다. 아, 살아서는 부부의 금슬이 좋지 못했고 죽어서는 제사 받들 자식이 없으니 옥이 깨진 애통함이 한이 없다.

누나의 시적 재능이 세상에 알려지지 않은 채 묻혀버리는 게 안타까웠는지, 허균은 난설헌의 유고를 모아 시집을 간행하기에 이른다. 난설헌의 시는 중국에서 먼저 알려졌다. 정유재란 때 조선에 온 명나라 군인 오명제가 우리나라 한시를 수집해 가서 엮은 《조선시선》에 58수가 수록되면서다.

허난설헌의 시명을 알고 있던 명나라 주지번과 양유년이 조선에 사신으로 온 일이 있다. 그때 허균이 사신을 접대하는 일을 맡게 되었다. 마침 난설헌집 발간을 준비하던 허균은 주지번의 서문과 양유년의 제사, 그리고 자신의 발문을 보태 시집을 출간했다. 1608년 목판본으로 간행된 《난설헌집》에 실린 시문은 213수(시 210수, 산문 3수)에 이른다. 중국에 이어 조선에서도 난설헌의 시가 정식으로 알려지게 된 것이다. 그 후 숙종 37년(1711년) 일본에서 분다이야 지로에 의해 시집이 간행됨으로써 조선시대에 유일하게 중국, 조선, 일본 세 나라에 시가 소개된 여성 작가가 되었다.

난설헌의 시는 중국 당대의 악부시와 유사하다는 평가와 친정의 옥사에 따른 부정적인 평가를 감당해야 했다. 그러나 《난설헌집》은 난설헌의 시적 천재성을 고스란히 보여준다. 그 속에는 현실의 고단함을 신선의 시어로 표현한 노래들이 가득해 그녀의 시적 상상력을 톺아볼 수 있다.

조선시대의 글로벌한 시인,
허난설헌의 동상.

© Taesik Park

경포 호수의 동남쪽 초당동에 가면 허균·허난설헌 기념공원이 있다. 공원 안 허난설헌의 생가터라고 전하는 곳에 고택이 하나 있으며 그 주위로 허균·허난설헌 기념관, 전통차 체험장, 오문장(허엽·허성·허봉·허난설헌·허균)비, 허난설헌 동상 등이 있다.

시대를 앞선 천재, 공공도서관을 열다

허균

허균(1569~1618)의 자는 단보, 호는 교산, 학산, 성소, 백월거사다. 유성룡(1542~1607)에게 학문을 배웠고 이달(1539~1612)에게 시를 배웠다. 우리나라 최초의 한글 소설인 《홍길동전》을 지어 국문학사에 우뚝하다.

허균은 당대 최고의 명문가에서 태어났다. 동인의 영수였던 아버지 허엽과 예조판서 김광철(1493~1550)의 딸 강릉 김씨 사이에서 막내로 태어나 다복하게 자랐다. 열두 살에 아버지를 여의었으나 아버지에 이어 두 형 허성, 허봉과 함께 그 자신도 문과에 급제해 네 부자가 모두 출사함으로써 명문가의 위상을 더욱 높였다.

일찍이 '오문장(五文章)'●이라는 세상의 평가를 받으며 학문적, 사상적 깊이를 더해갔던 허균은 〈호민론〉〈유재론〉 같은

● 허엽과 그의 네 자녀 허성, 허봉, 허초희, 허균을 합해 다섯 명의 문장가라는 의미에서 '허씨 오문장가'라고 부른다.

글을 통해 시대를 앞선 통찰력을 보여주었다. '위정자는 나라의 부조리함을 엿보다 기회를 삼아 도전하는 호민을 두려워해야 한다.'는 정치사상이 〈호민론〉이고 '하늘이 재능을 균등하게 부여했으니 미천한 사람이라 하더라도 어질고 재능이 있으면 등용해야 한다.'는 것이 〈유재론〉이다. 오늘날에도 여전히 유효한 사상이다. 이처럼 의식이 시대를 앞섰던 천재였기에 기존질서에 대한 문제의식을 바탕으로 《홍길동전》을 창작할 수 있었다.

허균의 외가는 사천면 사천진리에 있는 애일당이었다. 외할아버지 김광철이 살던 곳으로 지금은 터만 남아 있다. 허균은 〈애일당기〉에 '나의 외조부 참판공께서 바다와 가장 가까운 땅을 택해 그곳에 당을 지었다. 새벽에 일어나 창을 열면 해돋이를 볼 수 있었는데 마침 모친을 모시며 희구하는 터라 애일당이라 하였다.'라고 기록하고 있다. 애일은 세월 가는 것을 안타까워한다는 의미로, 좀 더 오래 부모를 봉양하고 싶어하는 효성을 이르는 말이다.

임진왜란이 발발하자 허균은 어머니를 모시고 외가로 피난했다. 애일당은 잡초와 잡목이 무성하고 담장, 지붕, 벽, 창문 등이 허물어져 온전한 곳이 별로 없었다. 외조부가 사망한 지 33년이 지나 집이 관리되지 않았던 것이다. 친정집이 폐가가 되다시피 한 꼴을 본 허균의 어머니가 목 놓아 통곡했을 정도였다. 하인을 시켜 당을 청소한 뒤 거주할 수 있게 된 허균은 자신 역시 그곳에서 외조부가 했던 것처럼 어머니를 애일할 수 있었다. 이 애일당의 뒷산은 이무기가 누워 있는 모습으로 그 지맥이 사천해변까지 이어져 교산(蛟山)이라 불렸다. 허균은 교산을 자신의 호로 삼을 만큼 애일당을 각별히 여겼다.

1603년 여름에 강릉에 다시 온 허균은 오늘날의 강릉단오제로 추정되는 행사에 대해 듣고 본 내용을 기록으로 남겼다. 매년 5월 초하룻날 대령, 즉 대관령에서 모시고 온 산신을 맞이해 명주부사에 모시고 기쁘게 해드린다는 내용이다. 이 산신은 김유신인데 죽어서 백성에게 화복을 내리는 신령스러움을 보이니 기록할 만하다며 찬을 지었다.

허균은 생전에 강릉에서 보고 듣고 경험한 여러 내용을 기록으로 남겼는데 이 기록들은 강릉의 역사와 문화를 풀어나가는 데 중요한 실타래가 된다. 그의 기록 〈호서장서각기〉 역시 조선시대 강릉에 사립도서관이 존재했음을 알려주는 긴요한 자료다.

경포는 자연풍광이 아름다운 곳이었을 뿐 아니라 선비들이 교유하고 풍류를 즐기던 곳이었다. 특히 호수 주변에 즐비하게 늘어서 있던 누정에서는 선비들이 시회를 열고 학문을 토론하기도 했다. 이런 경포 누각에 작은 도서관 하나가 있었다. 허균이 열었던 사립도서관 '호서장서각'이다.

1604년 강릉부사 유인길은 임기를 마치고 돌아가면서 공물로 바치고 남은 명삼 32냥을 허균한테 주었다. 그러나 사사로이 쓸 수 없다고 판단한 허균은 그것으로 명나라 사신으로 갔을 때 연시에서 《육경》《사서》《성리대전》《좌전》《국어》《사기》《문선》, 이백 · 두보 · 한유 · 구양수의 문집, 《사륙변려문》《통감》 등의 책을 사 왔다.

허균은 이 책들을 노새에 실어 강릉향교로 보냈지만 향교에서는 선비들의 논의를 거치지 않았다며 받기를 거부했다. 그래서 경포호 주변에 있던 별장의 누각 하나를 비워 그곳에 책을 수장하고 고을 선비들이 빌려 읽게 했다.

〈호서장서각기〉에 실린 내용을 보면 허균은 말년을 강릉에서 보내려 했던 것 같다. '장차 인끈을 내던지고 강릉으로 돌아가서 만 권 서책 중의 좀벌레가 되어 남은 생을 마치고자 한다.'라는 글로 자신의 바람을 표현했다. 역모죄로 비참한 최후를 맞지 않았다면 경포 호숫가에서 장서각을 운영하며 강릉 선비들과 교유하고 살았을 것이나 제 뜻대로 살지는 못했다.

허균 · 허난설헌 기념공원 솔밭 한쪽에 호서장서각 터를 알리는 안내판이 있다. 경포 호수와 가까운 주변 어딘가에 장서각이 있었을 것으로 추정해 현재의 자리에 세운 것이다.

《금오신화》를 지은 사육신

김시습

명주군왕이자 강릉 김씨의 시조인 김
주원의 22세손인 김시습(1435~1493)의 본관은 강릉이다. 강릉
에서 태어나지는 않았지만 한때 강릉에서 은둔했을 만큼 강릉
과 인연이 깊다. 강릉 김씨 종중에서는 1769년 청간사를 지어
김시습을 제향해왔으나 한국전쟁 때 소실되어 1954년 명주군
왕 묘역에 다시 건립했다. 2005년에는 그의 생애와 문학적 성
취를 기념하기 위해 선교장과 해운정 사이에 김시습기념관을
건립했다. 한옥으로 꾸며진 기념관은 비교적 단출하다.

김시습은 우리나라 최초의 한문소설 《금오신화》를 지었다.
〈만복사저포기〉〈이생규장전〉〈취유부벽정기〉〈남염부주지〉
〈용궁부연록〉 등 다섯 개의 이야기로 구성된 《금오신화》를 통
해 소설의 재미와 매력을 선물했다. 소설에 국한하지 않고 무
려 2200여 수에 이르는 한시도 남겼다.

그러나 김시습은 우리에게 문학인으로만 기억되지 않는다.

수양대군이 계유정난을 일으켜 왕위를 찬탈하자 평생 벼슬에 나가지 않는 것으로 단종에 대한 의리를 지켰던 생육신이다. 엄혹한 시절에 단종의 복위를 꾀하다 죽임을 당한 사육신의 시신을 수습하는 의로움을 보이기도 했다.

의로움이 훼손된 현실과 타협하지 않고 선비로서의 기개와 의리를 지킨 김시습은 평생 이단아로 살았으나 역사시대 내내 많은 이들로부터 사랑받았다. 사후 이자(1480~1533)에 의해 흩어졌던 유고가 수습되어 문집이 간행되기도 했다. 선조 때는 어명으로 〈김시습전〉이 지어지고 《매월당집》도 간행되었다.

김시습의 이름은 강릉 유학자 최치운이 지었다고 한다. 생후 8개월에 스스로 글을 알아보고 세 살에 글을 지을 줄 알았으며 다섯 살에 중용과 대학에 통달할 만큼 영민했다. 세종대왕마저 이 어린 신동을 궁궐로 불러들여 시로 시험해보았을 정도였다. 이때 〈삼각산시〉를 지어 세종으로부터 비단 50필을 하사받았고 이후 '5세 동자'라고 불렸다.

이런 남다름은 계유정난 이후 전혀 다른 양상으로 흘러갔다. 김시습은 3일간 통곡하고 서적을 모두 불사른 뒤 스스로 머리를 깎고 승려가 되어 전국 각지를 떠돌며 살았다. 유랑생활을 하며 우리나라 산천을 둘러보게 되는데 그때 지은 시들이 많다.

강릉과의 인연을 따라가 보면 열다섯 살에 모친을 여읜 후 강릉 외가에서 살았고, 스물여섯에 관동지방을 유람했으며,

쉰하나에 오대산에 들러 강릉에 체류했던 이력과 만나게 된다. 관동을 유람하며 지은 시를 묶은 《탕유관동록》에는 강릉지방의 지명이나 명승을 노래한 시들이 실려 있다. 대령, 구산역, 강릉, 문수대, 백사정, 한송정 등이 시제로 남아 있어 남다르다. 〈강릉〉이란 시는 다음과 같다.

닭과 개 울어대는 어촌마을
뽕과 삼베 밭이 바다까지 이어지네.
저문 바닷가에 비릿한 바람 불어오는 걸 보니
고깃배가 마을로 돌아오나 보다.

김시습의 모습을 추정해볼 수 있는 초상화가 두 점 전해진다. 역사인물들의 초상이 별로 남아 있지 않은 것과 비교하면 이채로운 일이다. 《매월당시사유록》에 수록된 판화본 초상 한 점과 무량사 소장 초상화가 그것이다. 오른쪽 방향으로 몸을 약간 튼, 흑립에 포를 입고 공수자세를 취한 반신상이다. 두 그림은 매우 닮았다. 눈매와 코, 입과 귀 모양이 흡사하고 표정까지 닮았다. 원래 김시습의 초상화는 승려복 차림이었다는데 후대에 옮겨 그리면서 사대부 복색으로 바꿔놓은 것으로 보고 있다. 생전에 자신의 초상화를 손수 그렸다고 하는데 이 초상화가 실제 모습과 얼마나 가까운지는 알 수 없다.

김시습은 속세와의 연을 끊고 출가해 설잠(雪岑)이라는 법

명까지 받아 승려의 삶을 살았으나 조선 유학자들에게 배척당하지 않고 오히려 존숭의 대상이 되었다. 이이가 일 년 동안 금강산에서 불교를 공부하고 돌아온 이력 때문에 평생 공격받았던 것과 비교해 보아도 퍽 이례적이다. 비록 승려가 되긴 했으나 유학자들이 본받고자 했던 선비의 절의를 꿋꿋이 실천한 인물이어서 그랬는지 모른다.

내 마음은 호수요
김동명

내 마음은 호수요, 그대 저어 오오.
나는 그대의 흰 그림자를 안고
옥같이 그대의 뱃전에 부서지리다.

경포 호숫가에 서면 김동명의 시 〈내 마음〉이 입에 물린다.
모형배가 일렁이는 곳에서는 '두둥실 두리둥실 배 떠나간다.'
라며 함호영의 시에 홍난파가 곡을 붙인 〈사공의 노래〉가 반복
해서 들려오는데도 말이다. 더구나 이 노랫말에는 '이 배는 달
맞으러 강릉 가는 배'라고 콕 집어 강릉을 노래한다.

그래도 〈사공의 노래〉보다 〈내 마음〉이 생각나는 이유는
김동명이 강릉 사람이기 때문이다. 〈파초〉 〈내 마음〉 〈수선화〉
등 국어 교과서에서 혹은 가곡에서 자주 만나온 김동명이지만
그에 대해 잘 아는 사람은 그리 많지 않다.

김동명은 1900년 강릉 사천면에서 태어났다. 여덟 살에 함

경남도 원산으로 이주하기 전까지 사천면 노동리에서 자랐다. 원산과 함흥에서 소학교와 중학교를 마친 후 함경도, 평안도, 강원도 등에서 교원으로 근무했고 1925년 일본 도쿄 아오야마 학원 신학과를 다녔다.

김동명이 본격적으로 문학 수업에 관심을 갖게 된 것은 1922년 기자 출신인 현인규를 만나면서부터라고 한다. 이듬해 《개벽》지에 〈당신이 만약 내게 문을 열어주신다면〉〈나는 보고 섰노라〉〈애닯은 기억〉 등을 발표하면서 본격적인 작품활동을 하기 시작했다.

1930년 〈나의 거문고〉라는 제목으로 첫 시집을 펴냈는데 이 책을 김동명문학관에서 만날 수 있다. 1936년 《조광》 1월호 에 〈파초〉를 발표하며 시인 백석, 문학평론가 백철과 교우했 다. 1947년 월남해서는 정치평론을 발표하기도 했다. 이화여자 대학교 국어국문학과 교수로 재직했고 초대 참의원으로 당선 되었다. 1968년 사망해 서울 망우리 문인묘역에 안장되었다가 2010년 김동명문학관 뒤편의 종중선영에 봉안되었다.

강릉에서 김동명을 조명하기 시작한 것은 1985년의 일이 다. 그해 사천면 미노리 7번 국도 옆에 시비를 건립했다. 7번 국도를 오가는 수많은 자동차 소음을 견디며 꿋꿋이 제자리를 지키던 시비는 2차선 도로가 4차선으로 확장되면서 존재감을 상실해갔다. 2013년 생가터 주변에 김동명문학관이 건립되자 시비를 문학관 옆으로 옮길 필요가 생겼고 2018년에 복원된 생가와 문학관, 시비가 한자리에 모였다.

복원된 생가는 경주 김씨 문중에서 소유하고 있던 기와집을 강릉시가 매입해 집을 헐고 그 부재들을 사용해 초가집으로 다시 지은 것이다. 그렇게 김동명이 세상을 꿈꾸며 한 뼘씩 자라났을 공간이 재현되었다.

문학관은 간소하고 소박하게 꾸며졌다. 전시실에는 회중시계와 코트 등의 유품과 자필원고, 시집, 수필집, 정치평론, 연보 등을 전시한 서재 같은 문학창작실을 꾸며놓고 시기별 대표작품을 보여준다. 김동명의 시세계는 초기인 1920년대의 〈나의 거문고〉, 중기인 1930-1940년대 초의 〈파초〉〈하늘〉, 후기인 1940년대 중반 이후의 〈삼팔선〉〈진주만〉〈목격자〉 등 대표시집을 통해 세 단계로 구분되곤 한다. 초기에는 감상주의와 퇴폐적 낭만주의에 기울었지만 전성기에는 자연을 노래하고 식민지 상황에 놓인 민족의 비애를 노래했다는 평가가 뒤따른다. 전시실 앞 세미나실에서는 시낭송회, 시화전, 북콘서트, 문학인들의 모임과 공연 등 다양한 문학행사가 개최된다.

강릉 사람들의 생활과 정서를 담아낸

강릉말

강릉말이 널리 알려지는 데에는 영화 〈웰컴 투 동막골〉이 한몫을 했다. 이 영화는 한국전쟁 때 두메 산골인 동막골에 연합군 병사, 인민군, 국군이 각각 들어오면서 벌어지는 이야기를 그렸다. 등장인물 중 외부로부터 유입되지 않은 동막골 토박이들이 강원도 방언을 사용했다. 그 후 강원도 방언은 TV 드라마, 영화, 개그 등 다양한 장르에서 등장인물의 정체성 혹은 웃음의 기재로 사용되었다.

미디어에서 쓰는 강원도 방언은 강릉말에 가깝지만 순 강릉말은 아니다. 강릉말은 극히 제한된 공간에서 사용되는 말인 반면 미디어의 강원도 방언은 강원 전역에서 나타나는 언어적 특징이 뒤섞인 경우가 많다.

강원도 방언은 크게 영동, 영서로 나뉘고 영동 방언은 다시 강릉을 중심으로 남쪽과 북쪽 말이 다르다. 강릉은 위치상 경상도, 함경도, 수도권의 문화가 유입되는 곳이어서 주변 지역과는 다른 개성 있는 언어권을 형성하고 있다.

강릉에서 태어나 자란 사람들은 부모가 쓰는 말을 그대로 습득한다. 성장하면서 전혀 불편 없이 사용해온 말이 몹시 불편해지는 때가 있는데, 강릉을 벗어나 사회생활을 하게 되면서부터다. 무어라 말을 하면 영락없이 "경상도 분이세요?"라는 질문을 받거나 북한 말투 같다느니 하는 부언을 듣는다. 국립국어원은 우리나라 표준어를 '교양 있는 사람들이 두루 쓰는 현대 서울말'이라고 규정하고 있다. 이 규정으로 인해 언어의 다양성이 위축되는 측면이 분명 있다. 표준어와 비교 당하면서 말에 짓눌리는 느낌을 받기 때문이다.

강릉말은 특별하다. 이익섭 교수는 강릉말의 특징을 소개하면서 '장음(음장)과 고조(성조)를 갖추고 있다.'는 점을 강조했다. 우리나라에서 이 두 가지 특징을 다 갖춘 말은 강릉말밖에 없다고 했다. 문법적으로 특이한 규칙이 있고 어휘력이 풍부한 것도 큰 특징으로 꼽았다.

2014년에 발간된《강릉방언대사전》에는 강릉말 2만4000여 개가 수록되었는데 이것만으로도 강릉말이 얼마나 어휘력이 풍부한지 알 수 있다. 단어 몇 가지만 소개해보자.

청미래덩굴 열매를 강릉말로 '땀바구'라고 한다. 이 붉은 열매는 속이 부드럽고 터뜨릴 때 감촉이 좋아 부질없이 손을 타곤 해서 특정 마을에서는 '통갈'이라 불렀다. 비 오는 여름이면 집 앞에 수북이 떨어져 도랑물과 함께 흐르며 시큼한 냄새를 풍기던 자잘한 열매가 있었는데 '꽤'라고 불렀다. 씨알이 잘고 신맛이 나던 이 열매는 과일로서 경쟁력을 잃은 듯 자취를 감춘 지 한참 되었다. '고얌'이라고 불렀던 고욤은 늦가을에 따서 항아리에 넣어 숙성시켜 먹었다. 과육보다 씨가 더 많아 성가시긴 하지만 달고 맛나서 요긴한 간식거리였다. 시래기는 '건추'라고 하여 별식으로 건추밥을 만들어 먹었다. 그 외 소꼴기(누룽지), 새치(임연수어), 웅굴(우물), 고뱅이(무릎), 마커(모두), 쫄로리(나란히), 시남히(시나브로), 똑떼기(똑바로) 등 일상적으로 쓰던 단어도 일일이 열거할 수 없을 정도다.

강릉말은 또래나 연소자한테 쓰는 의문형이 '나'로 끝나고 그 끝이 올라간다. 예컨대 '밥 먹었니?'를 '밥 먹었나?'로 말한다. 젊은 사람들은 쓰지 않지만, 중년 이상의 연령층에서 사용하는 어머니한테 쓰는 의문형도 특이하다. 아버지에게는 경어를 쓰지만 어머니에게는 '는가?'라는 의문형 어미를 붙인다. 아버지에게는 "진지 드셨어요?"라고 말하면서 어머니에게는 "밥 먹었는가?"라고 말하는 식이다. 분명 높임말은 아닌데 완전 낮춤말도 아니다. 이를 두고 중앙에서 내려온 관리나 양반이 강릉 여성과 혼인하면서 생긴 신분 차이 때문이라고 해석하는 이도 있으나 정설은 아니다.

강릉 사람들은 타지에서 문득 강릉말을 듣게 되면 반색을 한다. 동일한 언어 경험을 가진 동향인으로서의 반가움이 커서다. 양양이나 삼척과 미묘하게 다른 억양을 토박이들은 금세 알아낸다. 그 차이는 체화된 언어습관으로 아는 것이지 교육을 통해 아는 것은 아니다.

강릉말이 강릉 사람들의 생활과 정서를 담은 소중한 가치를 지닌 언어라는 인식을 확산시키는 계기가 된 것이 강릉사투리경연대회다. 강원일보사 주최로 1994년 강릉단오제 때 시작되어 매년 열린다. 단어의 뜻과 억양뿐 아니라 강릉말 고유의 느낌도 알아야 제대로 구사할 수 있는 대회인데도 초등학생부터 노년층까지 다양한 연령층이 참가하고 관중석은 매년 만원이다. 초등학생들은 작성된 대본을 훈련해 구연하는 티가 나지만 노년층은 몸에 밴 생활 이야기를 구수하게 풀어내 강릉 사람만이 공유할 수 있는 재미를 준다.

이와 함께 방언사전 편찬, 사단법인 강릉사투리보존회 설립, 강릉사투리 시화전 개최, 강릉사투리 책자 발간 등 다양한 사업도 진행되었다. 한편에서는 강릉말을 정리하고, 다른 한편에서는 말을 널리 알려 맥을 이으려는 노력이 거듭되고 있다.

'살아 학산, 죽어 성산'이라는
향언

서쪽으로 백두대간을 따라 키 다른 산 봉우리들이 나란하다. 높은 산봉우리로부터 곁가지를 친 낙맥은 키를 낮추고 낮추어 강릉 시내에 닿았다. 덤덤한 산세에 기댄 채 바다를 향한 강릉은 그래서 편안해 보인다. 푸른 산맥과 푸른 창해, 강릉의 빛깔은 푸르고도 푸르다.

강릉의 지명에는 아홉 개의 산, 즉 구산이 있다. 구산, 금산, 회산, 학산, 모산, 유산, 병산, 말산, 운산이 그것이다. 그 가운데 학산에 주목한다. 강릉에 '생거모학산 사거성산지(生居茅鶴山 死去城山地)'라는 말이 있다. 즉 '살아서는 모산과 학산이 좋고 죽어서는 성산이 좋다.'는 말이다. 그 의미를 짚어보자.

이중환이 《택리지》의 〈복거론〉 서설에서 '무릇 사람이 살아갈 터를 고르는 데에는 지리가 먼저고 그다음이 생리, 인심, 산수 순이다. 네 개 중 하나라도 모자라면 살기 좋은 땅이 아니다.'라고 말했다. 그렇다면 강릉에서 가장 살기 좋다는 학산은 이러한 조건을 다 갖춘 땅이라고 할 수 있을까?

학산은 평해 황씨들이 500년 전에 살기 시작하면서 형성된 마을이라고 한다. 서쪽으로는 백두대간의 능선을 위시한 산들이 바람을 막아 햇살을 모아줄 듯 둘러쳐져 있고, 앞으로는 너른 벌판이 펼쳐져 있다. 마치 봄 햇살로 따뜻하게 데워진 담벼락 밑에 마련된 텃밭 같다. 그 가운데로 제법 굵은 물줄기인 어단천이 흐른다.

산과 들과 물이 있으니 사람 살 조건이 갖추어졌다. 문전옥답은 아니더라도 농사지을 기반은 마련된 것이다. 농경 본위의 시대에 생산성을 담보한 환경은 소중하기 마련이다. 그러나 농투성이 삶을 살자고 학산을 제일 살기 좋은 곳이라 말하지는 않았을 것이다.

농경사회에서 민중의 삶은 자연과 밀접한 관련이 있다. 농사는 하늘의 이치를 알고 자연의 조화를 깨달아야 지을 수 있다. 그러나 사람의 역량에는 한계가 있어 신을 찾게 된다. 그런 점에서 학산은 많은 것을 갖춘 땅이다.

학산은 굴산사가 있던 곳이다. 굴산사는 우리나라 불교문화의 한 축을 담당했던 사찰로, 선종의 구산문 가운데 사굴산문의 본산이었고 국사로 추대되었던 범일이 이곳에 주석했다. 사찰은 번성했고 규모도 대단히 컸다. 왕조가 바뀌면서 사찰의 위세는 점차 줄었지만 범일은 강릉지방의 안위를 주관하는 가장 광대한 신격인 국사서낭으로 좌정했다.

학산은 고려의 32대 왕인 우왕과도 관련이 있다. 이성계가 실권을 장악하면서 폐위된 우왕이 강릉으로 쫓겨 와 장안성이라는 곳에 머물렀다. 왕이 넘나들었다는 왕고개라는 지명이 아직까지 남아 있다. 정궁은 아니지만 왕이 머물렀다니 그 또한 여느 지역과는 차별된다.

학산이라는 이름은 학이 많이 살아 붙여졌다고 한다. 학은 장수를 상징하는 상서로운 동물로 범일국사와 관련한 설화에 등장하기도 한다. 아비 없는 아이라고 버려진 아기 범일을 단실(丹實)을 먹여 키운 새가 학이다. 크게 될 인물을 거둔 영험한 동물이었던 셈이다. 상서로운 동물이 깃들어 살고 인간 정신을 고양시키는 종교 시설인 사찰이 있던 곳, 나아가 사람의 복락을 쥐락펴락하는 신까지 잉태한 곳이니 어찌 학산을 최고의 생거지로 보지 않겠는가!

학산은 구정면에 속한 일곱 개의 법정리 가운데 하나다. 학산리와 함께 여찬리, 학산리, 금광리, 어단리, 덕현리, 구정리, 제비리가 포함된다. 학산에는 문화재가 유난히 많다. 보물 제83호 굴산사지 당간지주, 보물 제85호 굴산사지 승탑, 사적 제448호 굴산사지, 강원도 유형문화재 제93호 만성 고택, 강원도 문화재자료 제38호 굴산사지 석불좌상, 강원도 문화재자료 제87호 조철현 가옥이 있다. 또한 강원도 무형문화재 제5호인 강릉학산오독떼기*가 전승된다. 마을에 유서 깊은 유·무형 자산이 축적될 정도로 지역민들의 삶이 빛났던 것 같다.

최고의 생거지로 학산과 함께 모산을 드는 근거는 《증수임 영지》에서 찾을 수 있다. 고려 사람 시랑 최입지의 집은 모산 이었다. 집 뒤 소나무 숲에 귀신이 흰 글씨로 '모산의 산세가 남달라 이따금 이 고을에서 영웅이 난다네. 오늘날 최공 집안 이 바로 그 맥이니 선대 평장사에 이어 몇이나 더 평장사가 될 까?'라고 쓴 시가 있었다. 그 후 아들 오형제가 모두 과거에 올 라 벼슬을 했으며 자손이 끊이지 않았다. 시의 내용대로 최입 지의 후손들이 평장사가 되어 모산의 지명을 평장동이라 불렀 다고 한다. 귀신도 알아볼 만큼 범상치 않은 지령을 가진 곳이 라 모산 역시 최고의 생거지로 이름난 것 같다.

성산면은 서쪽으로 평창군 대관령면과 접해 있어 강릉의 관문이던 대관령을 넘나들던 사람들이 반드시 거쳐야 했던 곳 이다. 대관령에서 동북쪽으로 뻗은 산줄기가 골을 이룬 곳에 형성된 마을인 까닭에 명당자리가 많은 것으로 알려졌다. 현재 관음리, 산북리, 송암리, 보광리, 금산리, 위촌리, 구산리, 어흘 리, 오봉리 등 9개 행정리로 이루어져 있는데 특히 보광리, 송 암리, 위촌리에 묘가 많다고 한다. 강릉에서는 예부터 성산주 령에 묏자리가 있느냐로 집안의 세를 평가했다는 말이 있을 정 도다. 성산면에 명주군왕릉이 위치한 것도 이 향언과 무관하지 않을 듯하다.

• 강릉시 구정면 학산리에 전승되는 논김 맬 때 부르는 소리.

우리나라 사람들은 명당에 터를 잡고 사는 것을 중요하게 생각했던 만큼 죽어 묻히는 땅도 가려 잡았다. 명당에 묻혀야 후손이 발복한다는 믿음을 갖고 있었다. 분묘에 대한 관심이 커지면서 조상을 길지에 모시기 위한 소송이 붐을 이뤄 산송山訟이 조선시대의 큰 사회문제가 되기도 했다.

성산면에는 보현사, 오봉서원, 명주군왕릉, 명주산성, 대공산성, 임경당, 상임경당 등 문화유적이 많다. 또한 국가지정문화재인 명승 제74호로 지정된 대관령옛길, 아름다운 금강송과 음이온이 몽글거리는 계곡이 있는 대관령자연휴양림을 비롯해 산속에 들어서면 저절로 상처가 아물 것 같은 대관령치유의숲 등이 있는 생태관광지다. 강릉의 서쪽에 길지가 있다는 옛말이 이 성산면을 두고 한 말이다.

대관령 바로 아래 위치한 까닭에 성산면의 행정리들은 지리적으로 산지와 가깝다. 명당이라는 이유로 묏자리로 선호한 측면도 있겠지만 무덤을 쓰기에 적합한 산줄기가 많다는 것도 그 이유일 수 있다고 한다면 풍수에 대해 너무 문외한인 걸까?

화끈한 축구사랑
농상전

　　　　　　　　강릉의 축구사랑은 남다르다. 그 백미
는 '농상전'이다. 강릉에 축구가 도입된 시점을 1906년 초당영
어학교 개교로 본다. 학교에서 시작된 축구는 점차 그 범위가
확대되어 유소년축구부터 조기축구까지 누구나 즐기는 운동이
되었다. 그런데 특이하게도 강릉에서는 '축구 하면 농상전'이
라는 등식이 성립될 정도로 농상전 경기가 큰 주목을 받았다.
농상전이란 강릉농업고등학교와 강릉상업고등학교 간의 축구
경기다.

　강릉농업고등학교와 강릉상업고등학교는 강릉에 소재한
고등학교 중 역사가 가장 오래되었다. 1928년 강릉공립농업학
교로 출발한 강릉농업고등학교는 이름을 농공고등학교로 바꾸
었다가 2011년 강릉중앙고등학교로 다시 바꾸었다. 그러나 강
릉 사람들은 여전히 '강릉농고'라 부른다. 강릉농고보다 10년
뒤에 개교한 강릉공립상업학교는 강릉상업고등학교에서 강릉

제일고등학교로 이름을 바꾸며 오늘에 이르렀다. 강릉 사람들은 이 역시 '강릉상고'라 부른다.

수십 년 전까지 강릉의 내로라하는 유지들은 대부분 두 학교 출신이었다. 가정환경이 허락되고 공부 좀 한다는 중학생들은 농고나 상고로 진학했다. 강릉 지역 근현대 국회의원이나 고위 공무원 중에는 두 학교 출신이 많았고, 강릉시청 공무원도 두 학교 출신들이 윗자리를 놓고 다투고 시기가 있었다.

일제강점기 때 단오절이 되면 강릉에서는 축구대회가 대대적으로 열렸다. 1925년 강릉에서 열린 관동단양제축구대회는 전국에서 50여 개 팀이 참가할 정도로 인기가 있었다. 장장 한 달여간 진행되었다. 그러나 1942년 구기대회가 폐지되면서 축구대회 역시 열리지 못했다. 해방 후에는 관동축구대회가 열렸는데, 강릉 사람들의 축구 열기가 얼마나 뜨거웠는지 한국전쟁 중에도 단오 축구경기가 한창이었다고 회고하는 사람이 있을 정도다.

축구에 대한 사랑이 각별했던 도시답게 축구가 일상화되었어도 강릉을 들썩일 만큼 요란한 경기는 단연 농상전이었다. 음력 5월 강릉단오제의 행사로 열린 농상전은 두 학교의 자존심을 건 한판 대결이었다. 선수들은 경기에 최선을 다하고 학생들은 응원에 총력을 다했다. '농상전 응원이 멋지다더라.'라는 소문이 돌자 시민들은 응원전을 보러 모여들었다. 언제부턴가 강릉단오제라 하면 농상전을 떠올릴 만큼 그 열기가 뜨거웠다.

과열된 농상전은 끝내 큰 사건을 불러오기도 했다. 1982년 6월 25일 지금의 단오제전수교육관 자리에 있던 공설운동장에서 농상전이 열렸다. 그런데 열기가 너무 과해 싸움이 벌어졌다. 응원하러 간 학생들이 주머니에 넣어 간 짱돌을 상대 학교 학생들에게 던지는 등 사태가 험악해져 향후 10년 동안 농상전이 개최되지 못했다.

열광과 열기, 볼거리와 재미를 안겨줬던 농상전은 더 이상 연례행사가 아니다. 지금도 두 학교에 축구부가 있지만 상황은 많이 달라졌다. 농상전의 두 축이던 경기와 응원전이 예전의 명성을 좇아 이어지기가 여의찮다. 선수들은 최선을 다한다지만 학생들이 응원전에 동원되는 것을 반길 사람은 그리 많지 않다. 두 학교의 교명이 바뀜에 따라 농상전이라는 명칭도 '강릉단오제 축구정기전'으로 바뀌었다. 농상전은 역사의 뒤안길로 점점 멀어지는 중이다.

내집단 결속이 강한 사람들
"셋이 모였으니 계나 하자"

강릉에는 '셋만 모이면 계를 만든다.'는 말이 있다. 계모임에 관한 기록인 '계첩'이 다양하게 전해지고 그 가운데는 수백 년 이어지는 계모임도 있는 걸로 보아 강릉 사람들은 옛날부터 계를 좋아했던 듯하다.

2008년 한 방송 프로그램인 'TV쇼 진품명품'에 〈금란반월회도〉가 출품되어 주목을 받았다. 금란반월회는 조선시대 강릉 지역 유학자들이 결성했던 계모임이다. 1466년 강릉에서 학식과 덕행이 뛰어난 선비 열다섯 명이 최응현을 스승으로 모시고 봄가을 한 차례씩 계회를 열었다. 이런 계회의 모습을 담아낸 그림이 〈금란반월회도〉인데, 계회도 가운데 연대가 오래된 것으로 알려져 그 가치가 매우 높게 평가되었다. 감정단의 감정가 역시 고가로 책정되었다.

금란반월회에서는 맹약오장(盟約五章)이라는 회칙을 마련해 계원 간 우의를 다졌다. 다섯 가지 지켜야 할 회칙이란 '길

흥경조' 즉 경사를 축하하고 흉사에는 조의를 표한다, '양진강
호' 즉 좋은 날을 가려 경서를 강론해 우의를 다진다, '과오면
책' 즉 잘못이 있으면 책임을 묻는다, '오령속금' 즉 이를 어기
는 사람은 벌금을 물린다, '고행삭적' 즉 벌을 받고도 고치지
않으면 자격을 박탈한다는 내용이다.

유교적인 덕목을 중시했던 강릉지방 유학자들이 결성한 오
래된 계모임인 금란반월회는 아직까지 그 명맥을 유지하고 있
다. 19세기 후반 금란정을 매입해 계모임을 재결성, 오늘에 이
르고 있다.

강릉에는 금란반월회뿐 아니라 아미타불을 신봉해 청정불
국토 극락에서 태어나기를 바라는 강릉 보현사 불자들이 조직
한 '미타계'도 있다. 사람들이 의료 혜택과 약재를 구할 수 있
도록 양반 사족의 주도하에 결성된 약국계를 비롯해 죽장회,
향약계, 두레, 족계, 동계 등 다양한 목적을 띠거나 친목도모를
위한 계가 많이 전한다.

계는 어떤 목적 아래 구성된 조직이다. 계원들은 회칙으로
묶여 내집단을 형성하게 된다. 그러나 반드시 회칙이 있어야만
하는 것은 아니다. 가볍게 모임을 만들고 그 관계를 소비하는
형식의 계도 많다. 지역사회에서는 인적 관계망을 어떻게 형성
하느냐에 따라 사회활동이 수월해지기도 한다. 강릉에서도 마
찬가지로 연고가 있으면 생활하는 데 서로 도움을 주고받을 수
있어 요긴하다.

특히 강릉은 지형적인 이유로 내집단 간의 결속이 좀 더 강한 편이다. 대관령이라는 관문이 내부결속을 다지는 역할을 해 지역색 짙은 문화를 형성할 수 있었다. 특히 혈연과 학연이 그렇다. 강릉을 본관으로 둔 토성, 몇몇 고등학교 동문의 세가 강한 편이다.

평화로워 보이는 도시 강릉. 그 안에는 크고 작은 모임이 공존한다. 규모가 큰 모임은 도도한 물줄기처럼 유장하고 거기서 파생된 작은 모임들은 생성과 소멸을 거듭한다. 강릉 사람들은 저마다 감당할 수 있는 만큼씩 모임에 이름을 걸고 살아간다. 그렇게 만들어진 또 하나의 문화가 강릉의 계문화다. 강릉을 소비도시라 일컫는 것도 계문화와 관련이 있다. 오늘도 강릉 사람들은 다양한 모임에 참석해 술잔을 기울이거나 차를 마시며 정담을 나누고 있을 것이다.

부록

걸어서
강릉 인문여행
추천 코스

강릉 인문 여행 #1

역사 속 인물과 함께
호수길을 걷다

● 오죽헌 → ● 경포생태저류지 → ● 선교장 → ● 김시습기념관 → ● 해
운정 → ● 경포대 → ● 가시연습지 → ● 허균 · 허난설헌 기념공원 → ●
이젠(e-zen)

경포 호수는 주위로 이야기가 풍부한 유적을 가득 감싸안고 있
다. 호수를 한 바퀴 둘러보는 것은 강릉의 자연과 문화를 한 바
퀴 둘러보는 일이나 진배없다. 이곳에서는 익숙하고 반가운 인
물들을 조우한다. 조선 최고의 여성 화가 신사임당, 조선 성리
학의 거두 이이, 최초의 한문소설을 쓴 김시습, 호반의 시인 심
언광, 조선 최고의 여류 시인 허난설헌, 그리고 최초의 한글소
설을 쓴 허균 등.

　길은 오죽헌에서부터 시작된다. 오죽헌은 조선 초기 민가
건물이다. 화가 신사임당과 대현 율곡 이이가 이곳에서 태어났
다. 같은 집에서 태어난 두 사람은 수백 년 뒤 세계 유일의 모
자 화폐인물이 됨으로써 우리와 더욱 가까워졌다.

　선교장으로 가는 도중 7번 국도 건너 둑길을 오르면 경포생

태저류지가 한눈에 펼쳐진다. 경포 호수의 수량을 조절하기 위해 물을 가두어둔 곳이다. 메타쉐콰이어 길 좌우로 하트 모양의 연밭과 철새도래지가 된 큰 저류지가 있다.

배를 타고 건넜다는 **선교장**은 조선 사대부가의 저택이다. 많은 시인묵객이 방문해 시를 논하고 글씨를 쓰고 그림을 그렸다. 안채, 사랑채, 별당, 행랑채, 정자, 사당 등을 갖춘 대저택 선교장은 강릉의 문화와 민속을 보관한 보물창고다.

선교장에서 한 뼘 남짓한 거리에 **김시습기념관**이 있다. 매월당의 생애와 작품들을 들여다볼 수 있는 곳이다. 계유정난으로 왕권을 찬탈한 수양대군의 신하가 되기를 거부하고 평생 방외인으로 살았던 매월당은 우리나라 최초의 한문소설인 《금오신화》를 남겼다.

해운정은 어촌 심언광이 지은 별당이다. 많은 문인들이 찾아와 머물렀던 이 누정은 오죽헌과 마찬가지로 익공양식을 보여주는 조선 초기의 건물이다. 시인묵객의 방문은 끊어졌으나 예스러움을 그대로 간직하고 있어 편안하게 둘러보기에 제격이다.

경포 호수에 도달하면 **경포대**가 우뚝 서 있다. 경포대는 경포 호수를 정자 안으로 들여놓은 모양새다. 그 옛날 이곳에서 누리던 경포팔경을 하나하나 꺼내보노라면 '제일강산'이라는 현액이 부끄럽지 않다.

경포대의 마당처럼 펼쳐진 경포 호수를 우측으로 끼고 돌면 가시연습지에 닿는다. 벚나무에서는 참새떼가 군무를 추며 후루룩 줄행랑친다. 이곳은 생물다양성을 학습하는 체험장이다. 가시연을 비롯한 많은 수생식물과 그 안에 서식하는 동물들이 만든 건강한 생태계를 관찰할 수 있다.

가시연습지 건너 솔밭 사이에 허균 · 허난설헌 기념공원이 있다. 금강송이 기와집을 감싼 운치 있는 곳이다. 평편한 솔밭 사이로 난 흙길을 따라 경포 호수에 닿을 수 있다. 조선시대의 천재 시인 허난설헌이 태어났다고 전하는 집터와 우리나라 최초 한글소설 《홍길동전》을 쓴 허균이 열었다는 사립도서관 호서장서각을 알리는 안내판, 허씨 오문장의 시비, 허난설헌 동상, 그리고 허균과 난설헌의 작품을 전시한 기념관이 있다.

물줄기가 게으르게 흐르는 내를 건너면 이젠(e-zen)에 도착한다. 일명 녹색도시체험센터라고 부르는 이 건물은 태양열, 지열 등을 이용해 에너지를 자체적으로 생산하고 소비한다. 친환경에너지 관련 체험 프로그램을 운영하며, 종종 커피축제나 큰 전시도 열린다.

강릉 인문 여행 #2

뚜벅뚜벅 옛 도심으로
들어가 보기

● 강릉대도호부 관아 → ● 임영관 삼문 → ● 임영관 → ● 명주동 마을길 → ● 명주예술마당 → ● 임당동성당 → ● 강릉향교 → ● 관음사 → ● 중앙 · 성남시장 → ● 월화거리

강릉의 문화유적은 전 지역에 걸쳐 고루 분포한다. 도심 안에도 장구한 도시 역사의 흔적들이 남아 옛 강릉의 모습을 슬쩍슬쩍 보여준다. 영동고속도로 강릉 나들목에서 이어지는 경강로는 강릉 도심의 줄기와 같은 도로로, 남대천과 나란히 어깨동무한 채 바다에 가 닿는다.

경강로를 접어들어 얼마 지나지 않은 도시 첫머리에서 '강릉대도호부관아'라고 해서체로 새겨진 현판이 옷깃을 당긴다.

강릉대도호부 관아는 고려시대부터 조선시대까지 읍성 안에 있던 지방행정 관서다. 강릉의 정사를 총괄하는 부사를 비롯한 소속 관원들이 업무를 보던 곳이다. 동헌, 내아, 객사, 향청, 칠사당, 의운루, 성황사, 창고, 옥사 등의 건물이 있었지만 역사의 부침 속에 임영관 삼문과 칠사당만 남고 모두 헐렸다.

지금은 동헌과 의운루, 임영관이 복원되어 관아 모습의 일부를 보여준다.

관아 안에는 객사의 정문인 **임영관 삼문**이 당당하다. **임영관**은 강릉 객사의 이름이다. 임금을 상징하는 전패를 모시고 매월 1일과 보름에 망궐례를 행하던 곳으로, 중앙에서 출장 온 관원들이 이곳에서 유숙했다. 주심포양식과 배흘림양식이 뚜렷한 삼문은 고려시대의 건물로 강릉에 남은 유일한 국보다.

관아 앞 경강로를 건너면 **명주동 마을길**이 시작된다. 명주동은 강릉의 구도심이다. 고샅고샅 골목길을 걷다 보면 가정집과 나란히 카페가 있고 공연장이 있으며 마을에서 운영하는 작은 박물관도 있다. 여기저기 읍성의 흔적들도 남아 있어 옛날의 영화를 상상해볼 여지가 많다.

명주동 골목을 걸어 닿는 곳이 **명주예술마당**이다. 명주초등학교를 전면 리모델링해 복합 문화공간으로 꾸민 이곳에서는 다양한 공연과 전시가 열린다. 전시와 휴식 공간, 오케스트라 연습실, 연극 · 댄스 · 밴드 · 피아노 연습장, 녹음 스튜디오와 공연장, 게스트룸 등을 갖추고 있다.

강릉대도호부 관아 가까이에 **임당동성당**이 있다. 1955년 축성한 이 성당은 영동지역에서는 가장 오래된 본당으로 고딕양식을 변형해 지었다. 아담한 규모지만 근대 종교 건축물로서의 문화재적 가치를 인정받은 국가지정 등록문화재다.

도심 속 화부산 자락에는 우리나라에서 가장 오랜 역사와 전통을 자랑하는 **강릉향교**가 있다. 공자와 4성, 공문 10철, 송조 6현을 모신 대성전과 교생들이 학문을 닦던 목조건물 명륜당을 비롯해 조선시대 향교가 갖추었던 모든 공간 건축을 보유하고 있다.

중앙시장 쪽으로 방향을 잡아가면 **관음사**라는 도심 사찰에 닿는다. 금강산 유점사, 고성 건봉사, 오대산 월정사의 지원을 받아 1922년 창건된 사찰이다. 관음전, 종각, 요사채 등의 건물과 강릉지방의 근대 유아교육을 담당했던 금천유치원이 함께 있다. 포교당이라는 이름으로 더 널리 알려졌다.

관음사에서 금성로를 건너면 **중앙·성남시장**이다. 좌판을 포함해 500여 개의 가게가 입점한 큰 시장이다. 강릉의 맛과 사람살이를 직접 경험할 수 있는 공간이다.

월화거리는 KTX가 지하화되면서 기존 철길을 확장해 조성한 도로로, 구도심의 공동화 해소와 활성화를 목적으로 했다. 연화부인과 무월랑의 사랑 이야기를 담은 〈명주가〉의 배경설화에서 이름을 따왔다. 이야기가 있어 더욱 의미 있는 길이다.

강릉 인문 여행 #3

동해의 풍광과
바다 사람들의 삶

● 주문진등대 → ● 주문진서낭당 → ● 주문진항 → ● 주문진수산시장
→ ● 주문진방사제 → ● 강릉커피거리 → ● 정동진 → ● 모래시계 → ●
시간박물관 → ● 바다부채길 → ● 헌화로

강릉은 북쪽에서 남쪽으로 주문진에서 옥계까지 쪽빛 바다를
낀 해안이 이어진다. 흰색 비단을 펼쳐놓은 듯한 해안에서는
바다 사람들의 삶과 동해의 아름다운 풍광을 마주하게 된다.

강릉의 최북단에 위치한 주문진에는 아름다운 등대가 있
다. 강원도에서 맨 먼저 건립된 주문진등대다. 1918년 세워진
이 등대는 벽돌로 쌓아 만들어 건축학적 가치도 뛰어나다. 긴
세월 어민들의 길라잡이 노릇을 해온 정갈한 모습이 쪽빛 바다
와 대비를 이뤄 마치 한 폭의 그림 같다.

주문진등대에서 미로처럼 얽힌 골목을 따라가면 주문진서
낭당에 다다른다. 풍어와 어민들의 안전을 책임진 서낭이 당문
을 열고 고개만 내밀면 주문진항이 내려다보이는 곳이다. 이곳
에서는 원혼이 된 처녀 진이가 서낭으로 좌정한 내력을 전해

들을 수 있다.

주문진항은 동해안의 대표 항구이자 강릉에서는 가장 큰 항구다. 1917년 부산-원산을 운항하는 기선의 중간 기항지가 되면서 여객선과 화물선이 입항하기 시작했고 지금은 250여 척의 어선이 입출항한다. 주문진항에는 동방파제와 서방파제가 있는데 동방파제의 길이는 1000미터에 가깝다.

주문진수산시장에는 수산물을 생산하는 사람들과 소비하는 사람, 그것을 매개하는 중간상인들까지 한 공간에 모이기 때문에 생산자와 소비자의 거리가 매우 짧다. 유통거리가 짧다는 매력 때문인지 방문객들로 연일 문전성시다.

서방파제 옆 영진 방향으로 해안의 모래가 유실되는 것을 막기 위한 돌제 여섯 개가 나란하다. **주문진방사제**다. 이 돌제 가운데 한 곳이 드라마 〈도깨비〉의 배경이 되면서 드라마 속 장면을 재현하기 위해 찾아오는 사람이 많다.

해안도로를 따라 영진, 연곡, 사천, 경포, 강문을 지나면 안목에 있는 **강릉커피거리**에 다다른다. 강릉이 커피의 도시가 된 스토리를 담고 있는, 커피 맛 좋기로 유명했던 자동판매기가 있던 거리는 온통 카페로 바뀌었다.

남항진에서는 해안을 따라 더 이상 나아가지 못한다. 군 시설이 막아서다. 에둘러 안인에 이르면 다시 해안을 따라 이동할 수 있는데 조금 더 가면 **정동진**이다. 우리나라 간이역 중 바다와 가장 가깝다는 정동진역이 드라마 〈모래시계〉의 배경이 되면서 널리 알려지게 되었다. 이후 정동진에는 대형 **모래시계**가 세워지고 시간의 역사를 알려주는 **시간박물관**이 문을 열었다.

정동진에서 심곡항까지 해안단구를 끼고 조성된 **바다부채길**은 인기 있는 트레킹 코스다. 강재와 목재로 이루어진 이 길에서는 아찔한 절벽과 기암괴석 등 꼭꼭 숨어 있던 2300만 년 전의 비경을 마주하게 된다.

바다부채길의 시작점이자 종착점인 심곡항에서 해안도로를 타고 옥계 금진리까지 **헌화로**가 이어진다. 〈헌화가〉의 배경 설화를 떠올리게 하는 이 길에서는 세상에서 가장 푸른 빛깔의 바다를 만날 수 있다. 순정공과 수로부인이 강릉으로 오던 길이라는 설화의 내용에 착안해 이름 붙였다.

강릉 인문 여행 #4

위용 당당한
소나무 군락의 정취

● 대관령옛길 → ● 강릉바우길 → ● 대관령치유의숲 → ● 대관령자연휴
양림 → ● 강릉솔향수목원 → ● 보현사 → ● 어명정 → ● 명주군왕릉 →
● 청간사

강릉은 역사도시이자 생태도시다. 유·무형의 문화유산은 말
할 것도 없고 자연에 말을 건네며 타박타박 걷기 좋은 길이 많
다. 길에서는 용의 비늘 같은 붉은 외피를 입은 의연하고 아름
다운 금강송을 만나게 된다.

대관령옛길은 사계절 다른 모습을 보여준다. 숲을 향해 열
심히 향기를 뿜어대며 하얗게 낙화하는 쪽동백, 더위에 지쳐
허덕이면서도 숲의 온도를 자꾸 끌어내리는 두꺼워질 대로 두
꺼워진 나뭇잎, 붉고 노란 물감을 흩뿌려놓고 에너지를 비축하
느라 몸을 작게 옹송그린 나무들까지, 어느 하나 아름답지 않
은 것이 없지만 그 가운데 일 년 내내 낙락장송의 위엄을 보이
는 금강송이 단연 돋보인다.

대관령옛길은 강릉바우길의 17개 구간 가운데 하나다. 강

룽바우길은 거의 모든 구간에 강릉의 상징인 소나무들이 빼곡
하다. 그중에서도 특히 대관령 쪽에 치우친 숲길에서는 위용
당당한 소나무 군락의 정취를 제대로 느낄 수 있다.

대관령옛길 입구 건너편으로 대관령치유의숲이 있다. 이곳
에서는 1920년대에 직파한 소나무들이 피톤치드를 뿜어내며
산의 건강성을 진작시킨다. 조성된 코스를 따라 걸으며 숲의
경관을 공감각적으로 체험할 수 있다.

대관령자연휴양림 안에는 솔고개라는 언덕이 있다. 이름대
로 고갯길 좌우 숲에 소나무의 우점도가 높아 그렇게 이름이
붙었다. 그 비탈에서는 곧고 청청한 소나무들이 욕심 부리지
않고 주변의 다른 관목들과 사이좋게 땅을 나누어 쓰며 산다.

강릉솔향수목원은 산속의 휴식공간이다. 1000여 종 22만
본 식물이 제각각 꽃을 피워 수목원을 향기롭게 한다. '천년숨
결 치유의 길'은 자생 금강송과 더불어 주목, 서양측백 등 총
570본이 식재되어 면역력을 높이고 스트레스를 날릴 환경을
제공한다.

성산면 보광리 보현산 기슭에는 강릉에 현존하는 최고의
사찰인 보현사가 있다. 월정사의 말사로, 굴산문의 개산조 범
일의 법을 이은 낭원대사에 의해 중창되었다. 대웅전을 비롯해
낭원대사탑비(보물 제192호)와 낭원대사탑(보물 제191호) 등 지
정문화재가 많다. 신라 경양왕이 국사로 예우하고 고려 태조가
시호를 내린 낭원대사를 만날 수 있다.

보현사 가까운 곳에 **어명정**을 알리는 표지목이 있다. 광화문 복원에 사용할 목재를 벌채하기 전 금강송에게 어명을 내리고 산신과 소나무에게 위령제를 지냈던 곳이다. 경사진 산길을 한참 걸어 올라야 도착할 수 있다.

성산면 보광리의 외진 마을에는 특별한 능이 있다. 1200년 전 왕권 쟁투의 역사가 잠들어 있는 **명주군왕릉**이다. 신라 선덕왕을 이어 왕으로 추대될 예정이었던 김주원이 즉위에 실패하고 낙향해 이곳에 묻혔다. 김주원은 원성왕으로부터 명주군왕으로 봉해지면서 강릉지방에서 정치적, 종교적으로 막강한 영향력을 행사하는 세력으로 성장했다. 한적한 왕릉에는 위풍당당한 장송과 돌꽃 핀 석물들의 비호를 받으며 명주군왕이 잠들어 있다.

명주군왕릉 입구에는 **청간사**가 있다. 강릉 김씨의 시조이자 명주군왕 김주원의 22세손인 김시습을 제향한 사당이다. 사당 주위로는 선비의 지조와 절개를 상징하는 소나무가 선비처럼 살다 간 매월당을 보호하려는 듯 빙 둘러서 있다.

강릉 인문 여행 #5

천년단오,
신을 만나다

● 대관령산신당 → ● 대관령국사서낭사 → ● 학산 → ● 석천 → ● 학바
위 → ● 굴산사지 당간지주 → ● 굴산사지 승탑 → ● 테라로사 → ● 대관
령국사여서낭사 → ● 남대천 → ● 단오제전수교육관

해발 832미터의 험한 준령, 대관령은 강릉의 진산이다. 대관령
은 강릉 사람들을 오붓한 공간에서 전통을 지키며 살 수 있게
한 지리적, 문화적 경계였다. 대관령의 깊은 숲에는 강릉의 안
위를 보장하는 신격이 좌정해 있다. 대관령산신과 대관령국사
서낭이다.

한 칸짜리 맞배지붕 기와집 대관령산신당에는 지초와 깃털
부채를 든 눈빛 형형한 산신이 살고 있다. 치성을 드리러 온 무
격의 서원과 징소리로 지칠 법하건만 일 년 내내 마실 가는 법
도 없다. 허균이 《성소부부고》에서 김유신이라고 기록했던 신
이다. 강릉단오제 때 가장 먼저 치제된다.

산신당 옆에는 정면 세 칸 측면 한 칸의 좀 더 널찍한 집, 대
관령국사서낭사가 있다. 강릉단오제의 주신인 범일국사를 모신

신당이다. 매년 4월 15일이 되면 서낭신은 단풍나무에 깃들어 굽이굽이 대관령을 돌아 부인을 만나러 온다. 대관령국사여서 낭과 합사 후 남대천 단오굿당으로 자리를 옮겨 강릉을 풍요롭고 건강하게 살핀다.

범일국사는 학산리 굴산사에 주석했던 신라시대의 승려로 사후에 대관령국사서낭신으로 좌정했다. <u>학산</u>에는 양가집 처녀가 우물에 물 길러 갔다가 해가 비친 바가지 물을 떠먹고 아이를 잉태했다는 범일국사의 탄생담이 전해진다. 우물인 <u>석천</u>과 아기를 버렸다는 <u>학바위</u>가 남아 있다.

굴산사는 신라 선종구산 중 사굴산문의 본산이었다. 지금은 폐사지로 남아 있지만 성창했던 굴산사의 위용을 가늠할 수 있을 만한 석조물이 당당하다. <u>굴산사지 당간지주</u>다. 높이 5.4미터로 우리나라에서 가장 큰 굴산사지 당간지주는 천년이 지난 지금도 거친 정 자국을 그대로 보여준다.

굴산사지에는 고려시대의 조각수법을 보여주는 <u>굴산사지 승탑</u>이 오롯하다. 팔각원당형으로 구름무늬가 조각된 하대석, 주악천인상과 공양상이 조각된 중대석, 앙련이 조각된 상대석, 연화문을 돌린 보주 등 조각이 아름답다.

굴산사지에서 시내로 내려오기 전에 잠시 카페에 들러 커피 한잔 할 여유를 가져보는 것도 좋다. 가까이에 유명한 <u>테라로사</u>가 있다. 넓은 매장에 박물관, 뮤지엄숍, 커피로스팅공장까지 갖추었다. 카페가 넓은 것도 놀랍지만 그 넓은 공간이 언제나 사람들로 가득 찬다는 사실도 놀랍다.

커피 잔향과 함께 대관령국사서낭이 일 년에 한 번씩 부인을 만나러 가는 홍제동으로 걸음을 옮긴다. 대관령국사여서낭사에는 노랑 저고리에 다홍색 치마를 입은 여서낭이 산다. 어느 날 갑자기 나타난 서낭신의 사자에게 호환을 당해 결국 국사서낭의 아내가 된 정씨 처녀는 화상으로나마 땋은 머리의 처녀성을 보여준다.

대관령국사서낭은 부인과의 보름 남짓한 만남이 아쉬워 동부인하여 남대천 가설 굿당으로 자리를 옮긴다. 송신제 때까지 며칠 동안은 무격들이 펼치는 굿을 받으며 강릉 사람들의 서원을 어루만진다. 굿당 옆으로는 강릉의 젖줄 남대천이 수많은 생명을 키우며 동해로 흐른다.

남대천 옆에는 단오제전수교육관이 있다. 유네스코 인류무형문화제인 강릉단오제의 역사와 내용을 한눈에 살펴볼 수 있는 전시실, 공연장, 전수교육실 등을 갖추고 있다.

찾아보기
키워드로 읽는 강릉

ㅊ

ㅈ

여행자를 위한
도시 인문학

강릉

초판 1쇄 발행 2019년 7월 8일
    2쇄 발행 2024년 2월 1일

지은이   정호희
펴낸이   박희선

디자인   디자인 잔
사진   정호희, 강릉시, Shutterstock
발행처   도서출판 가지
등록번호   제25100-2013-000094호
주소   서울 서대문구 거북골로 154, 103-1001
전화   070-8959-1513
팩스   070-4332-1513
전자우편   kindsbook@naver.com
블로그   www.kindsbook.blog.me
페이스북   www.facebook.com/kindsbook

정호희 ⓒ 2019

ISBN   979-11-86440-51-3 (04980)
    979-11-86440-17-9 (세트)